왕이 된 자녀 싸가지 코칭

왕이 된 자녀

싸가지 코칭

이병준 지음

파란치드

폭군이 되어 버린 자녀들, 왜?

"네가 뭔데 나한테 GR이냐?", "지금 당장 내 놓으라고…", "지금 당장 새 것으로 사 내.", "내 용돈으로 산 내 넷북으로 내가 쓰는데 왜 엄마가 GR이야?", "아버지 그 개XX", "오늘 개빡치네. 이것들이 작정을 했구만!", "아 정말 재수 없게", "개짜증나~", "나중에 요양원에 처박아 버릴 거야", "니네가 나한테 무릎 꿇고 사죄하면 용서해 줄지도 몰라.", "A! 18! 뭐래?", "엄마 아빠가 먼저 소리 질렀잖아! 그래서 나도 소리 지른다 왜?", "이번 생은 이미 끝났어. 이렇게 살다 죽을래.", "나도 나를 포기했는데 왜 엄마는 나를 포기 안 해?",

"아 정말 공부할 마음이 싹 사라지게 하네!"

요즘 자녀들이 부모에게 하는 말이다. 너무 과한 표현이 아닌가 생각할지도 모르겠지만 엄연한 현실이다. 내가 싸가지 코칭을 하고 있는 부모들이 자녀들과 주고받는 카카오톡 화면을 캡처해서 보내온 내용 그대로다. 이런 언어가 일상인 자녀들을 대하는 부모가 늘고 있다. 아이들은 영락없는 폭군이고 부모는 폭군 앞에 무서워 벌벌 떠는 무력한 백성이다. 폭군이라도 기본적인 왕의 역할을 한다면 모르겠거니와 이 왕은 무능하기 짝이 없으면서 폭정만 일삼는다.

자녀가 무섭다? 왕이 된 자녀? 상전이 된 자녀? 이 말이 성립될까? 지금의 한국 가정에선 성립되고도 남는다. 최근에 왕이 된 자녀, 무서운 자녀, 통제 불능의 자녀, 감당불가의 자녀 때문에 상담과 코칭을 요구해 오는 부모가 부쩍 늘었다. 나의 이전 책《다 큰 자녀 싸가지 코칭》을 읽고 찾아오는 부모들인데 이들의 눈빛을 보면 공포와 절망으로 가득 차 있다. 요즘 자녀들은 초등학교 고학년만 되어도 대하기가 버겁고 중고생이 되면 예전에 보지 못했던 살기 가득한 눈빛으로 칼이나 가위 같은 흉기나 골프채를 들고 설치기 때문에 더 무섭다. 부모든 누구든 걸리기만 하면 죽여버리겠다며 덤벼들거나 죽어버리겠다고 자해를 하거나 아파트에서 뛰어내리겠다고 위협할 땐 가슴이 철렁 내려앉는다.

이런 자녀를 대하려면 황당과 당황이 한꺼번에 밀려온다. 더 이상 관망할 수 없다며 싸가지 코칭을 시행해보려 하지만 말 한 마디라도 할라치면 가슴이 떨려 우황청심환부터 먹어야 한다. 또 무슨 말부터 할지, 무엇부터 시작해야 할지도 모른다. 어떤 엄마는 내가 주는 코칭지침을 들고 아파트 지하주차장에서 몇 번씩 상황극을 연습했다. 그 연습 시간에도 아이의 반응을 떠올리면 두렵고 떨려 심호흡을 몇 번씩 하며 가슴을 진정시켰다. 그렇게까지 하고 자녀를 대면했는데도 자녀들이 또박또박 따지고 대들면 이내 말문이 막혀 제대로 말도 못하고 돌아서는 일도 허다하다. 돌아서는 뒤통수엔 '천한 것이 웃기고 자빠졌네!'라는 말이 꽂힌다.

언제부터 자녀는 폭군이 되었을까? 부모는 왜 약해 빠진 존재가 되고 말았을까? 주객이 전도된 이 기현상을 어떻게 설명해야 할까? 대든다는 표현은 이젠 귀여운 표현에 속한다. 대드는 정도를 넘어 부모에게 대놓고 "18!"을 외치고 가운데 손가락을 세우는 미국식 욕설을 날리고, 보란 듯이 집 안의 물건을 부수거나 부모를 폭행하는 일도 비일비재하다. 그렇게 하면서도 "나를 화나게 해서 물건을 부쉈다.", "욕먹을 짓을 해서 욕했다.", "맞을 짓을 해서 때렸다."라며 자신의 행동에 대한 정당성으로 당당하다.

시간이 흘러 철이 들면 자연스레 해결될 거라고 막연한 낙관론을 가진 부모가 더러 있는데 뭘 모르는 사람이다. 요즘 자녀들은 나이 든다고 자연스레 철이 드는 뇌구조를 갖고 있지 않다. 그런 까닭에 성인자녀가 되었다고 끝나는 게 아니다. 2020년 현재 한창 은퇴를 하고 있는 베이비부머들 중에는 성인자녀 시집살이를 하는 부모도 적지 않다. 기껏 한두 명의 자녀인데 그들이 결혼해서 자식을 낳

앗음에도, 혹은 일부러 결혼하지 않으면서(비혼) 계속 부모의 등골을 빼먹고 있다. 더 아이러니한 것은 학력과 경제 수준이 높은 부모일수록 이런 가정이 많다는 점이다. 그 부모들은 자녀가 왜 그러는지 모르고 어떻게 대처해야 하는지도 모른다. 왜냐하면 그저 열심히만 살면 모든 것이 순리대로 흘러갈 것이라고 여겼고 기존에 들었던 구닥다리 심리학에서 말하는 자녀 문제는 일차적으로 부모 문제였기 때문이다. 이 반박 불가한 논리의 노예가 되어 늘 자신의 부족함을 탓하고 있을 뿐이다. 그럴수록 자녀들은 더 기고만장한 폭군이 되고 부모는 더 천하고 무력한 존재가 된다.

게다가 사회의 법이나 제도는 철저히 아이들 편이다. 가정폭력이란 이름하에 부모의 처벌권도 완전히 박탈되었고 부모는 이제 꾸중 한 마디도 제대로 못하는 이빨 빠진 호랑이요 녹슨 칼에 불과하다. 과거 역기능가정 부모의 체벌은 학대수준이었기 때문에 문제였지만 아이의 잘못에 대한 처벌(punishment)은 절대적으로 필요하다. 처벌은 보상과 함께 행동수정 심리학의 두 기둥이다. 보상을 통해 긍정적인 행동은 강화시키고 처벌을 통해 부정적 행동을 제거하거나 감소시킨다. 그래야 제대로 교육할 수 있다. 그런데 현대사회는 보상에만 치우쳐 있고 처벌을 배제하고 있다. 물론, 어떤 이유로도 가정폭력과 학대는 정당화될 수 없다. 다만 그 점을 너무 강조하려다 부모의 처벌권까지 박탈한 것은 "목욕물 버리려다 아기까지 버렸다."라는 서양 속담과 같고 "빈대 한 마리 잡으려고 초가산간 다 태웠다."라는 우리 속담과 같다.

자녀의 식민지가 된 부모는 광복이 필수다. 그러려면 일차적으로 과도한 아이 중심의 자녀교육, 1990년 이전의 심리학이 말하는 '결핍이론'에 근거한 자녀교육부터 잊어야 한다. 1990년도 이후에 태어난 자녀의 문제는 '결핍'이 아니라 도리어 '과잉'에 의한 참사다. 지금의 초등 고학년, 중고생이라면 2000년 이후에 태어난 아이들이니 더더욱 그렇다. 광복을 위해선 힘을 길러야 한다. 힘이 있는 부모라야 자녀의 식민지에서 벗어날 수 있다. 막상 해 보면 권력을 잡은 주체가 터무니없이 약한 존재라는 것을 알게 된다. 그러니 걱정하거나 주눅들 필요 없다. 부모는 언제나 등대와 나침반이어야 하기에 부모독립만세다. 누군가를 구하려는 사람은 먼저 자신의 안전부터 확보해야 한다. 위급상황의 비행기에서는 좌석마다 산소마스크가 내려온다. 아이를 동반한 부모는 아이에게 먼저 마스크를 씌워주고 본인은 나중에 마스크를 쓰려고 하겠지만 승무원들은 부모가 먼저 쓴 후에 아이에게 마스크를 씌워야 둘 다 산다고 강조한다.

　이 책은 2012년 발간된 《다 큰 자녀 싸가지 코칭》의 후속이다. 그 책을 보고 다 큰 자녀 문제로 코칭을 요청해 온 분들의 실제 사례가 많다. 가정마다 사례는 다르지만 내용은 거의 똑같다. 똑같은 말투, 똑같은 사고방식, 똑같은 불만, 똑같은 분노를 가지고 있다. 한 공장에서 찍어낸 제품 같다. 그렇게 자녀들은 규격화되었고 세뇌되었다. 겉으로 드러난 문제는 폭력과 중독이다. 그런데 앞으로 자녀들에게 있어 더 큰 문제는 무기력이다. 눈에 초점이 없고 활력이 없다. 호기심도 없고 자발성도 없다. 배려하는 마음도 이타적인 마음

　　　　　　　　　　　　　　　　　　　　　　　　왕이 된 자녀 싸가지 코칭

도 없다. 그냥 단순 무식하게 쾌락의 노예로 살고 싶을 뿐이다. 그러면서 활화산 같은 분노를 드러내며 걸핏하면 "죽여버리겠다."라거나 자신이 "죽어버리겠다"라고 으르렁댄다. 그것은 교육 대신 사육을 받는 과정에서 행복 센서를 제거당한 것에 대한 분노다. 물론, 당사자도 부모도 그 사실을 모른다.

이 책에서는 아이들이 왜 왕으로 등극했는지, 또 폭군이 될 수밖에 없었는지 알려줄 것이다. 그동안 이해할 수 없었던 아이의 말과 행동에 대한 이유도 설명해줄 것이다. 병을 치료하기 위해선 정확한 진단이 우선이다. 진단이 정확해야 유효적절한 처방이 가능하다. 이 책에 실린 사례에 등장하는 자녀들의 특성이 내 자녀와 너무 똑같다는 생각이 든다면 희망을 가져도 좋다. 똑같은 증상이라면 처방법도 동일하다는 뜻이니 본인에게 적용하면 효과도 바로 나타날 것이니까.

기억해야 할 것은 무서운 자녀들, 왕이 된 자녀들 또한 가장 큰 피해자라는 사실이다. 그들 역시 감싸 안아야 할 대상이다. 이들은 어릴 때부터 제도화된 교육, 규격화된 교육을 받아 자기 생각을 할 줄 모르는 인간이 되었고, 승자독식의 세상에 눌려 마음껏 꿈꿀 수 있는 기회를 박탈당했고, 뭔가 해 보려고 해도 보이지 않는 벽에 번번이 부딪혀 머리가 깨졌다. 그러다 무능한 존재가 된 자신을 깨닫고 절망의 늪에 빠졌다. 행복하게 살고 싶은데 행복이 느껴지지 않아 살펴 보니 행복 센서를 제거당했다. 그래서 부모는 겉으로는 싸가지 없는 행동을 줄여나가는 동시에 속으로는 용기를 주어 세상이란 험한 파도를 뚫고 항해를 계속하는 사람으로 만들어야 하는 이 중과업과 제거된 행복 센스를 다시 장착해 주어야 하는 사명이 부모에게 있다.

이 책의 최종 목표는 부모로 하여금 자녀교육의 교사가 부모임을 일깨우는 것이며 자신보다 뛰어난 자녀를 세상으로 파송하는 부모가 되는 것이다. 생존을 위한 기능 교육은 학교에서 하지만 인성과 지혜교육은 오롯이 부모의 몫이다. 두 가지가 조화롭게 형성되어야 아이는 세상이라는 무대로 나아갈 수 있다. 아무리 다 큰 자녀, 무서운 자녀, 왕이 된 자녀, 무기력에 빠진 자녀라 할지라도 절망하지 말고 지금부터라도 내 자식은 내가 직접 가르치는 교사로서의 부모가 되기를 바란다.

목차

제3부   싸가지 코칭 실제

제1부

왕이 된 자녀를, 왜?

왕이 되어
분노하는 아이들

요즘 아이들은 뉘 집 자식 할 것 없이 다 무섭다. 분기탱천한 모습으로 무차별 공격을 해 오면 속수무책이다. 분노의 이유라는 게 궤변이라는 걸 알지만 딱히 반박도 못한다. 도널드 위니컷(Donald Winnicott)이 쓴 《박탈과 비행》이란 책에서는 사랑이 결핍해서라는데 아무리 생각해도 그건 아닌 것 같다. 충분히 잘 해 주었고 부족한 것이 없는데 왜 아이는 분노하는 것일까?

사례1) 나에게 상처 준 놈들 다 죽여버릴 거야.

L씨는 아들의 눈빛을 보면 소름이 끼친다. 정상인의 눈빛이 아니라 영화에서나 보던 살인마의 표정이다. "죽여버릴 거야."라는 말도 서슴지 않는다. 정말 무슨 일을 낼 것만 같다. 초등학교 다닐 때부터 왕따를 당했는데, 그 이후 친구들과 담임교사를 죽여버릴 것이라고 입버릇처럼 말한다. 초등학생 때부터 여러 상담센터와 신경정신과를 전전하다가 성인이 되어 결국 조현병 진단까지 받았다. 그로 인해 군에도 못 갔고 직업도 못 구해 부모와 함께 살고 있다. 아버지의 골프채를 휘둘러 TV를 깬 적도 있고 대형 거실 창을 깬 적도 있다. 집에 성한 게 없다.

사례2) 아버지 그 개XX 언젠간 내가 죽여버릴 거야.

서른의 Y양은 직장생활을 하다가 사직서를 내고 공무원 시험 준비를 하고 있다. 공부를 잘했던 그녀는 학창시절 내내 우등생이었고 명문대학을 나와 대기업에 입사했다. 그런데 직장에서 '꼰대' 상사를 만나 마음 고생하다 끝내 퇴사했다. 그 '꼰대' 상사와 아버지의 모습이 너무 똑같았다. 그 상사도 아버지도 죽여버리고 싶다. 그것도 그냥 곱게 죽이는 것이 아니라 아주 고통스럽게 난도질을 해서 죽이고 싶다. 그리고 또 다른 직장에 근무하게 될 때 아버지와 같은 인간을 만날까 두렵다. 아버지가 되었든 상사가 되었든 절대로 참지 않을 생각이다. 이 모든 문제의 원인 제공자는 아버지이기 때문에 절대로 아버지를 용서하지 않을 것이다.

위의 사례는 가상의 이야기가 아니라 내가 상담 현장에서 직접 듣는 이야기들이다. 개인정보 보호차원에서 각색했지만 엄연한 실제 이야기들이며 분노중독이란 이름을 붙일 정도의 사안들이다. 요즘 자녀들은 다들 화가 나 있다. 그냥 화 정도가 아니라 용암을 잔뜩 품은 채 언제 터질지 모르는 활화산 같다. 왜 아이들은 이토록 분노하는 것일까?

자기통제력 부족에 의한 분노

첫째, 지금 당장 원하는 것이 충족되지 않을 때 화를 낸다. 생물학적이고 본능적인 화다. 사람은 원하는 것이 즉각 채워지지 않을 때 화를 낸다. 갓난아기도 화를 낸다. 배가 고파 울었는데 엄마가 즉각 반응을 안 해 주고 한참 뒤에 젖꼭지를 물리면 엄마 젖꼭지를 깨물어버린다. 큰 자녀들은 게임이나 스마트폰, TV 보기, 잠자기, 치킨과 피자 먹기, PC방 가기 등을 금지할 때 화를 낸다.

두 번째, 반동효과로 인한 분노다. 반동효과란 반대로 하고 싶어지는 충동을 말한다. 하라고 하면 하기 싫고 하지 말라면 하고 싶다. 게임 하고 싶은데 공부하라고 한다든지 놀고 싶은데 청소나 설거지를 하라고 하면 화를 낸다. 또는 모처럼 큰맘 먹고 공부나 운동을 하려는데 부모가 공부하라거나 운동하라고 하면 바로 싫어지고 화를 낸다. 이때는 청개구리 유전자가 한창 활동할 때라 부모가 무엇을 하라고 하면 일단 짜증부터 낸다. 이때 아이들의 표정은 천한 것이

왕이 된 자녀 싸가지 코칭

상전에게 이래라저래라 하면 기분 나쁘다는 딱 그런 표정이다.

두 가지 다 사람의 일상적인 감정은 맞지만 사람은 하고 싶은 일도 못할 때가 있고 하기 싫은 일도 해야 할 때가 있다. 교육은 그런 것을 가르치는 것이다. 그런 부분이 잘 훈련된 자녀는 또래보다 월등히 뛰어나다. 어른이 되면 인간관계도 원만해서 행복한 가정을 꾸리고 직업적으로도 크게 성공한다. 하기 싫은 일도 필요하다면 실행하고, 하고 싶은 일도 상황에 따라 그만두든지 유보하든지 하는 것을 '자기통제력'이라고 한다. 자기통제력의 첫 번째 요소는 부정적인 감정을 참아내는 능력이다. 분노, 짜증, 귀찮음, 혐오, 답답함, 억울함 등을 일정 시간까지 참아내는 능력이다.

요즘 초등학교에서는 신학기가 되면 통제가 안 되는 1학년생 때문에 골치를 앓는다고 한다. 수업시간에 자기 마음대로 돌아다니고 화장실 간다며 밖으로 나가고, 교사가 뭘 시키면 "내가 왜요?"라고 따지고(이것을 피해자증후군이라고 한다), 교사가 앉을 것을 요구하면 "싫어요."라며 대놓고 거절한다. 자기 화난다고 온갖 인상을 쓰고 눈을 희번덕거리며 드러눕고 물건을 던지거나 부수는 일도 허다하다고 한다. 집에서 폭군으로 생활하던 아이가 학교에 왔다고 고분고분할 리 없다. 이런 행동을 임상용어로는 '충동조절장애(Impulse control disorder)'라고 하는데 병적(病的)으로 도박에 몰두하는 것과 같이 본능적 욕구가 지나치게 강하거나 자기방어 기능이 약해져서 스스로 충동을 조절하지 못하는 정신 장애를 일컫는다. 어릴 때부터 집에서 '하고 싶으면 네 마음대로 해.'라는 허용적 부모나 과잉적 부모 밑에서 성장했기 때문에 가정이든 학교든 어디든 자기 마음대로 행동하려는 것이다. 이 패러다임을 신봉하는 멍청한 부모들은 자유분방한 것과 버릇없는 것을 구별하지 못한다.

자기통제력의 두 번째 요소는 좋아하는 일도 중단하든지 유보하는 능력이다. 우리가 잘 알고 있는 '마시멜로 이야기'처럼 하고 싶은 욕구도 참고 기다리며 자기를 조절할 수 있는 아이는 모든 면에서 월등하다는 것은 결과로 설명되었다. 자기통제력을 가진 아이로 키우려면 숙제와 게임 중에 숙제를 먼저 끝내고 게임을 하게 해야 한다. 그래야 싫은 일을 먼저 하고 선호자극을 유보하는 것이 체화되고 의무를 끝낸 후에 즐기는 게임이 훨씬 더 자유롭고 재미있다고 느낀다.

자기통제력의 결핍은 인지력의 부족도 아니요 부모의 애착이나 사랑의 결핍으로 인한 것도 아니다. 오히려 너무 과도한 존중, 과도한 아이 중심 교육이 낳은 결과다. '하지 마라.', '해서는 안 된다.', '그러면 못 써.'라는 금지의 언어를 듣거나 제재를 당해본 일이 없으니 브레이크 없는 자동차요 키가 없는 배다. 아이들의 분노는 자기중심적인 사고에서 발생한 것이며 자기통제력의 결핍을 보여주는 지표다. 참을 땐 참아야 하고 기다릴 땐 기다려야 한다. 이것은 TV에서 개통령이라고 불리는 강형욱 씨가 문제 있는 개를 교정하는 것과 같다. 개 훈련은 '행동주의 심리학'의 두 기둥인 보상과 벌을 사용하는데 자녀의 행동을 다루는 원칙과 똑같다. 잘하는 것은 보상을 통해 강화하고, 잘못한 것은 벌을 통해서 교정한다. 강형욱 씨에 의하면 개를 과하게 좋아하면서 마음까지 여린 사람들이 범하는 실수가 두 원칙을 잘못 적용하여 개가 잘못을 했는데도 쓰다듬고 예뻐하거나 측은한 눈빛을 보이는 행동이다. 그럴 때 개는 그런 주인을 등에 업고 오만방자해져 아무에게나 공격성을 드러내며 시도 때도 없이 짖는다.

피해자증후군에 의한 분노

자녀들이 분노하는 또 다른 이유는 피해자증후군(Victim Syndrome)이다. 피해자증후군이란 '나는 과거에 상처를 입었기 때문에 지금 이럴 수밖에 없어. 그러니까 너는 나를 이해하고 내가 원하는 걸 잘 들어주어야 해.'라고 생각하고 행동하는 것을 지칭한다. 그래서 자녀들은 늘 억울해 한다. 자신은 늘 억울하게 당한 사람이고 자신의 주변에는 늘 자기를 힘들게 하는 사람만 존재한다고 여긴다. 부모를 비롯한 모든 사람이 자신을 불합리하게 대하고 있으며 세상은 그렇게 불합리한 사람들로 가득 차서 불공평한 일만 생기는 곳이다. 자신은 늘 약자고 피해자다. 외부에서 다들 나를 힘들게 하기 때문에 어쩔 수 없이 분노할 수밖에 없다는 명분이 성립된다.

학교에서 교사가 아이에게 심부름을 시키면 아이는 "왜 선생님은 나만 시켜요? 쟤는 왜 안 시켜요?"라고 따지는 경우가 피해자증후군의 대표적 사례다. 또 집에서, 큰 아이가 잘못한 일이 있어 혼내고 있는데 "억울해. 엄마는 왜 나만 만날 혼내? 왜 ○○(동생)는 혼

안 내?"라는 식으로 말하는 경우다. 자기가 어떤 잘못을 했고, 엄마가 그 부분을 짚어 혼내고 있는데도 자기 동생은 혼내지 않고 자기만 혼내는 것에 억울해 한다. 요즘 아이들은 어느 집 할 것 없이 대체로 피해자증후군에 걸려서 다들 억울해 하고 자신을 피해자라고 여기며 부모 중 약하고 손쉬운 쪽, 즉 만만한 대상을 골라 가해자라며 거기에 모든 분노를 쏟아낸다.

아이들의 피해자증후군은 과도한 아이 중심 교육으로 인한 결과다. 과도한 아이 중심 심리학에선 자녀들의 감정표현에 대한 허용치를 너무 많이 주었다. 일반적으로 감정의 수용은 역기능 가정과 순기능 가정을 구분하는 척도, 정신적 건강의 좋고 나쁨을 구분하는 척도, 가족관계의 깊이를 측정하는 척도다. 감정은 언제, 어느 때라도 수용되는 것이 맞다. 다만, 감정의 수용이 아무렇게나 행동해도 된다는 면죄부는 아니다. 감정은 수용하되 행동에 대해선 반드시 대가를 지불하게 해야 하는데, 과도한 아이 중심 교육에서는 감정의 수용에만 치우쳐 행동에 대한 책임을 묻지 않았다. 그래서 아이들은 마음껏 화내는 것을 비롯해서 모든 감정을 아무런 여과 없이 표현해도 된다고 생각한다. 또 수많은 육아서가 자녀의 감정을 받아주는 부모는 좋은 부모, 그렇지 않는 부모는 나쁜 부모라는 이분법적 도식을 만드는 바람에 좋은 부모가 되려면 오만방자하게 구는 아이들의 행동도 무조건 받아주어야만 했다.

프로이트 구조모델에서 원초아인 이드(Id)의 욕망을 알아차리는 것은 중요하다. 사람의 가장 기본적이고 본능적인 욕구들이다. 하지만 그것만 추구하면 오만방자한 존재가 된다. 이에 에고(ego)가 필요하다. 에고는 이드의 범위를 적절하게 조정하는 기능을 한다. 또한 초자아(super ego)는 인간으로서의 의미와 가치를 추구하라고 있는 것이다. 자기감정을 있는 그대로 표현하는 원초적 본능(Id)이 마음껏 허용되는 시기는 영아기일 뿐이다. 그 이후는 자아와 초자아의 통제범위 안에 있어야 한다. 유아기만 되어도 자기감정을 적절히 조절하는 법을 배워야 한다. 요즘 자녀들은 통제하고 조율하는 법은 배우지 못했고 모든 감정을 마음껏 표현하라는 풍조 속에서만 자랐기 때문에 제멋대로 행동하는 폭군이 되고 말았다. 그래서 자기에게 조금만 손해가 된다 싶으면 억울해하고 그런 부당함(?)에 분노한다.

형평강박에 의한 분노

사례) 화난다고 집안의 물건을 부수었어요.

"아이(중 2 아들)가 화난다고 집에 있는 복합기를 부쉈습니다. 아이가 PC방 갔다가 7시에 들어왔는데 아이 아빠가 참고 있다가 자기 방에 들어간 아이보고 나오라고, 말 좀 하자 했더니 싫다고 하네요. 방문도 열지 않은 상태에서 아빠가 '물건을 왜 부수냐?'라고 하니 아이는 또박또박 말대답하네요. 아이 왈 '화가 나서 부쉈다. 왜? 부수면 안 되냐? 아빠 엄마도 부수지 않냐?'라고 합니다. '아빠가 언제 그랬냐?'고 물어보니 우기네요. 자기 화난다고 물건을 부수고, 난리를 치는데 그 이유가 다 엄마 아빠 때문이랍니다. 엄마 아빠가 그렇게 했으니 자기도 그렇게 한다는 겁니다. 정작 우리는 그런 짓을 한 적이 없는데 말입니다."

이 사례에서 드러나는 아이의 분노는 형평강박에 의한 분노다. 화난다고 물건을 부수고는 아빠 엄마도 그러지 않았냐고 정당성을 내세운다. 자기의 지위와 부모의 지위를 동일 선상에 놓고 있다. 이렇게 저울의 형평처럼 부모와 교사를 비롯한 세상의 모든 사람들이 자기와 동일한 위치에 있다고 생각하는 현상을 '형평강박'이라 한다. 이 또한 어릴 때부터의 과도한 아이 중심 교육에 의해 형성되었다. 그런 까닭에 반사적으로 형평을 맞추려고 하는 습성이 배어 있다. 그래서 앞에서 말했던 '피해자증후군'과 연결되어 고집불통에 이기적 속성을 드러낸다. 요즘 학교는 학생들에게 청소를 거의 안 시키는데 가끔 학생들에게 교무실 청소를 시켰을 때 "왜 지네들 방을 우리보고 청소하라고 하냐?"라고 기분 나빠하는 게 형평강박이다. 청소를 교육의 차원이라 생각하지 않고 노역의 차원으로 생각한다. 그러니 존경은 고사하고 존중도 하지 않는다. 집에서 부모가 설거지를 시켰을 때 "왜 엄마 아빠가 먹은 그릇을 나보고 설거지 하라고 해?"라고 따지는 식이다. 자녀가 형평강박의 노예가 되지 않도록 하려면 어릴 때부터 여러 가지 집안일, 집안 공동의 일을 시켜야 한다. 그러면 더불어 사는 공동의 삶, 존중의 삶, 이타적인 삶을 가

왕이 된 자녀 싸가지 코칭

르친 결과가 된다.

한 사람이 갖는 인격적 가치는 아이나 어른이나 동등하다. 인격적 가치는 동등하지만 개인의 역량에 따른 가치의 차이, 역할에 따른 차이는 엄연히 존재한다. 그러나 형평강박에 걸리면 그 차이는 차별로 분류된다. 부모도 자기와 동등한 레벨에 있는 대상이기 때문에 부모가 자기에게 잘못을 했다면 자기도 부모를 판단할 수 있다고 생각한다. 그래서 요즘 부모를 가정폭력으로 신고하는 자녀들이 부쩍 늘었다. 내가 여기서 판단이라는 표현을 썼지만 아이들의 부모에 대한 행동은 처단이기 때문에 물건을 부수거나 부모를 때리고도 잘못이라고 생각하지 않는다.

형평강박이 만들어지게 된 것 또한 어릴 때부터의 과잉 존중이다. 어릴 때부터 식당에서 아이의 메뉴 선택이 부모보다 우선이었던 것을 비롯해서 무엇을 하든 아이들에게 먼저 선택권이 주어졌고 동등한 권리의 주체로 대접해서다. 아이들도 인격이고 선택할 권리가 있다는 것은 지극히 당연하다. 그렇다고 자신들의 입지가 부모와 동일한 것은 아니다. 어른들이 술 마시면서 미성년 자녀는 술 마실 수 없다고 말했을 때 억울해한다면 형평강박이다. 어른들이 술 마실 때 미성년 자녀에게 음료수를 마시라고 하는 것은 형평에 어긋나지 않는다. 술은 성인이 되어서 누리는 권리고 자녀는 아직 미성년자이기 때문에 그 권리를 누릴 주체가 아니다. 부모가 모임이 있어 나갈 때 아이들은 나가지 못하게 하면서 집을 보라고 하는 게 억울하다면 형평강박이다.

심리적 고아가 된 것에 분노

　　　　　　　한국의 엄마들은 대체로 불안으로 인한 근심 걱정이 많다. 부모의 과도한 불안, 특히 엄마의 '불안'은 아이에게 거절감을 안겨준다. 거절감의 연속은 아이로 하여금 심리적 고아라는 느낌을 갖게 한다. 불안이 많은 엄마는 아이의 생각과 느낌을 제대로 받아줄 심리적 공간이 없어 아이로 하여금 자신이 수용 받는 존재라고 느끼지 못하게 한다. 어릴 때는 엄마의 돌봄 아래 있어야 하기 때문에 순응하지만 초등 고학년이 되고 중고생이 되어 힘이 생기면 분노를 터트리며 강하게 반항한다. 엄마에게 수없이 다가갔는데 결과적으로 계속 발길질을 당했기 때문에 엄마와는 말도 안하고 엄마라면 무조건 반항하고 분노한다. "엄마는 무조건 싫어."를 외치는 아이를 보는 엄마는 또 가슴이 철렁 내려앉아 더 큰 불안의 늪에 빠진다.

　이렇게 설명하면 이해가 빠를 것이다. 항공모함에서 출정한 비행기가 임무를 마치고 귀환한다고 하자. 그런데 돌아와보니 항공모함이 격침되어 착륙할 곳이 없어졌다면 어떨 것 같은가? 임무 수행 중 큰 부상을 입어 응급치료가 필요한 상황이거나 공격받은 비행기가 폭발 직전인데 착륙할 곳이 사라졌다면? 착륙을 못하니 응급조치도 못하고 결과적으로 비행기와 함께 바다에 수장되는 처지가 되었다면 어떨 것 같은가? 엄마의 불안 지수가 높을 때 아이들이 느끼는 거절감이 이런 것이다. 아이에겐 밖에서 겪은 아픔과 절망, 억울함과 분노를 토로할 곳이 필요하다. 누군가는 그것을 받아주어야 하는데 그 역할을 가장 잘 해야 하는 사람이 엄마다. 그런데 엄마가 그 역할을 제대로 못해주면 아이는 심리적 고아가 되어 엄마를 향한 마음 문을 닫아버리거나 메가톤급 분노를 폭발시킨다. 영문을 모르는 엄마는 자녀가 사춘기이거나 나쁜 친구를 사귀면서 그렇게 되었다거나 어느 날 갑자기 이상하게 행동한다고 또 걱정한다.

가정에서의 상황으로 한 번 더 설명하면 이렇다. 아이가 "엄마, 나 학교 가기 싫어!"라고 할 때 그것은 1차적으로 아이의 지금 감정이다. 우선은 말하는 아이의 말 자체를 들어주고 그 이면의 마음까지 읽어줘야 하는데, 불안이 많은 엄마는 아이가 학교를 안 간다는 말에 가슴이 철렁 내려앉는다. 그리고 성급하게 문제를 해결하려 한다. "애는? 지금 무슨 소릴 하고 있어. 학교는 꼭 가야 해.", "학교를 안 가면 나중에 못 먹고 살아."라는 식으로 반응한다든지(선생님처럼 말하기), "너 학교를 안 간다는 발상 자체가 틀려먹은 거 아니니?"라는 식으로 비난하거나, "저 녀석 게을러 터져 가지고… 왜 학교를 안 가. 죽으려고 환장했냐?"라는 식으로 꾸중부터 하면 엄마는 자기 말을 들어주는 사람이 아니라고 판단한다. "학교 가기 싫어!"라고 하면 "학교 가기 싫어?"라고 되물어 주고(copy 하기, 또는 back tracking 하기) 무슨 이유로 그러는지 아이로 하여금 말을 할 수 있도록 통로를 열어놔야 한다. 그런 대화의 장을 통해 감정은 감정대로 받고 문제는 문제대로 해결하면 되는데 불안이 많은 엄마에겐 모든 일이 문제로 다가온다.

학교를 안 가겠다는 말은 단순한 푸념일 수도 있다. 푸념이란 안

하겠다는 의지가 아니라 지금 싫다는 감정이다. 푸념은 누군가 말을 받아주기만 하면 싫은 감정은 사라지고 의지가 다시 발동된다. "아, 학교 가기 싫어!"라고 푸념을 할 때 친한 친구가 "학교 가기 싫어? 그래! 나도 학교 가기 싫다. 그래도 어쩌겠어? 가긴 가야지!"라고 감정을 받아주면 "그래. 가긴 가야지. 근데 진짜 학교 가기 싫다.", "그래 맞아. 나두 그래!"라고 하면 학교 가기 싫은 감정이 수납되었기 때문에 의지가 다시 생성된다. 푸념을 푸념으로 받아주는 관계는 관계적 안전(Safety)이 제공된다. 엄마는 그런 안전기지, 즉 항공모함이어야 한다. 그런데 엄마가 푸념을 푸념으로 받지 못하고 불평이나 문제로 받아들이면 아이는 감정도 수납이 안 되고 졸지에 이상한 아이나 문제 있는 아이라는 딱지까지 부여받는다. 푸념을 푸념으로 받아주지 못하고 문제로 받아들이는 엄마에게 아이는 자기 마음을 풀어놓지 않는다. 자기 이야기를 들어주는 사람이 아무도 없다고 느낄 때 심리적 고아가 되고 존재의 이유도 사라진다. 그래서 외형상으로는 부모가 존재하고 외적인 환경도 다 제공되는데 정서적으로는 고아인 셈이다.

실제로 학교에 안 간다고 결심했다면 게으름의 문제일 수도 있고 학교에 대한 회의감이 들어서일 수도 있다. 아니면 교사와의 관계에서 억울한 일을 당했거나 친구들 사이에 오해가 생겼거나 왕따를 당했거나 폭력을 당했거나, 아니면 얼떨결에 가해자가 되었거나 하는 일일 수도 있다. 문제를 풀려면 우선 '문제의 소유자'부터 명확히 구분해야 한다. "학교 가기 싫다."의 '문제의 소유자'는 아이지 엄마가 아니다. 그런데 불안이 많은 엄마는 반사적으로 그 문제를 자기 문제로 받아들이고 한숨을 쉬며 절망한다. 아이의 한숨이 30정도인데 엄마가 옆에서 300이나 되는 한숨을 쉬면 아이가 어떻게 엄마에게 자기 마음을 털어놓을 수 있을까?

가끔 싸가지 코칭을 의뢰하는 부모들 중에는 아이가 초등학교 때까지는 혹은 중학생 때까지는 성적이며 행동거지며 정말 어디 하나 흠잡을 것 없이 완벽했는데 중학교 들어가면서 혹은 고등학교 들어가면서 갑자기 돌변했다며 도대체 그 이유가 무엇인지 또 무엇을 어떻게 해야 할지 모르겠다고 한다. 대부분은 자녀의 돌변 이유를 애꿎은 친구 탓으로 돌리거나 스마트폰, 게임 중독으로 돌린다. 그러나 갑자기 돌변한 게 아니라 그 이전까지는 불안 많은 엄마가 미리 불안의 소지가 될 만한 것들을 제거할 수 있었기 때문이다. 그러다 아이가 성장하면 더 이상 그 작업이 불가능해짐과 동시에 아이가 힘을 가진 주체가 되어 이전과는 반대 상황이 벌어지는 것이다.

불안은 동시에 불신으로 처리된다. 믿어주지 않는다는 말은 받아주지 않는다는 뜻이고 거절한다는 뜻이다. 자녀는 어릴 때부터 부모, 특히 엄마가 자신을 믿어주지 않았던 것에 분노하고 반항하는 것이다. 따라서 엄마는 불안의 진원지가 어디인지를 살펴야 하고 아이를 믿어주고 편이 되어 주는 작업부터 시작해야 한다.

부모, 특히 엄마는 바다와 같아야 한다. 바다는 어떤 강물도 다 수용한다. 맑은 강물도 받아주고 흙탕물도 다 받아준다. 여러 강에서 강물이 한꺼번에 밀려와도 다 수납한다. 그러면서도 자정능력이 있어 생명력을 유지한다. 그 속에서 온갖 해양 식물과 해양 동물이 자란다. 때론 태풍을 통해서 바닷물 전체를 헤집는다. 그렇게 정화시켜 생명력을 유지한다. 그리고 생명의 젖줄이다. 바다의 물을 증발시켜 구름을 만들고 비를 내려 온 대지의 생명을 살리고 다시 강을 통해 바다로 흘러오게 한다. 아이들이 성장하는 동안 엄마라는 바다에서 마음껏 수영할 수 있도록, 마음껏 항해할 수 있도록 해야 한다.

기회박탈에 대한 분노

자녀들이 분노하는 또 하나의 이유는 거절감을 느끼게 하는 사회 구조의 희생자이기 때문이다. 아이들은 어릴 때부터 공부라는 방식으로만 자신의 존재를 증명받는 사회구조 속에 매몰된 채 살아왔다. 공부도 이미 승자 독식이요 그들만의 파티요, 쉽게 끼지 못하는 영역이요, 현대판 카스트 제도의 영역이다. 그로 인해 느끼는 상대적 박탈감은 더 크다. 많은 아이가 무대를 빼앗겼다. 탁월한 연주자, 가수, 춤꾼, 예술가가 그것을 펼칠 무대가 없다면 그 절망감과 답답함은 얼마나 클까? 탁월한 배우가 드라마와 영화에 캐스팅을 받지 못한다면? 획기적 치료법을 발견한 의사가 그것을 실행할 병원이 없다면?

아이들이 게임에 빠지는 이유는 자신의 무대로 찾은 곳이 게임의 세계이기 때문이다. 게임이라는 게 재미도 있지만 거기엔 난이도가 있고 레벨이 있다. 높은 레벨에 올랐다는 말은 게임 세계에서는 능력자로 통한다. 현실 세계에서는 별 볼 일 없는 아이도 게임 세계에만 들어서면 존재감을 느낀다. 게임 중독을 해결하려면 무조건 금지만 시킬 것이 아니라 재미와 난이도를 동시에 얻을 수 있는 대체물을 제시해야 한다. 재미와 난이도가 있는데 결과가 부정적이면 중독(addiction)이라고 하고, 재미와 난이도가 있는데 결과가 긍정적이면 이것을 몰입(flow)이라고 한다. 몰입은 첨단 심리학인 긍정심리학에서 말하는 행복의 조건이다. 사람은 하루 18시간도 몰입이 가능한데 하루 18시간 꼬박 게임을 하는 아이는 18시간 몰입도 가능한 자녀라는 뜻이다. 게임중독을 예술 영역의 몰입으로 바꿀 수 있다면 최고의 대책이다.

그리고 자신의 무능력을 알게 될 때 자신과 부모에게 분노한다. 집과 학교라는 자신의 왕국에서 왕처럼 살아오느라 아무것도 안 하던 자녀가 어느 정도 성장해서 독립할 시점에 섰을 때 문득 자신이 독립할만한 능력을 갖추지 못한 존재임을 깨달을 때 터져 나오는 분노다. 자신의 분노 이유를 그렇게 해석할 수 있는 자녀라면 의식 수준이 아주 높다. 대부분 자녀들은 그저 자신을 한탄하면서 "이번 생은 끝났어."라며 포기라는 방식을 선택하고 은둔형 외톨이(히키코모리)로 살거나 "내가 이렇게 된 건 다 엄마(아빠) 탓이야!"라며 투사(projection)라는 방어기제를 사용하여 부모를 비롯한 주변인들을 죄다 원망한다. 이때 잘해주는 부모가 최고의 부모라고 여겼던 부모들은 적잖이 당황하며 무엇이 부족했느냐고 반문한다. 동물로 말하면 겉모습은 사자나 호랑이, 표범 같은 포식자인데 토끼 한 마리 제대로 못 잡는 무능한 존재임을 알게 되었다고나 할까? 날카로운 이빨과 발톱을 가진 사자인데 눈앞에 토끼가 나타나자 사냥은커녕 무서워 벌벌 떨고 있는 모양새다.

이런 아이들의 분노를 해소시키는 방법은 위로와 공감이 아니라 유능한 존재, 탁월한 존재로 만들어 무대 위로 보내 주는 것이다. 무대에 서는 사람은 행복하다. 나의 능력을 발휘하는 공간, 나를 기대했던 사람들이 박수와 환호를 보내고 눈물을 흘리면서 감동하며 행복해 한다면 그것을 보는 나는 더 큰 행복을 느낀다. 인간에게 있어서 최고의 행복이다. 무대에 선 가수가 멋지게 노래를 불렀을 때 그 가수의 몸엔 전율이 흐른다. 청중도 전율을 느낀다. 이렇게 강렬한 전율이 흐를 때 생성되는 호르몬이 '다이돌핀'으로 '행복 호르몬' 또는 '감동 호르몬'이라고 한다. 통증완화효과를 낸다는 '엔도르핀'보다 자그마치 4,000배나 강력하다고 한다. 그래서 무대에 설 능력이 있는 사람은 여유가 있고 행복하니 어딜 가더라도 행복 바이러스를 전파하기 마련이다. 그리고 그 무대는 단지 공부라는 방식 외에도 다양한 방법이 있다는 것을 알려주고 실제로 그 무대에 올라서도록 유능하게 만들어줘야 한다. 무대에서 자기효능감을 느끼는 자녀는 비행을 저지를 이유도, 무기력에 빠질 이유도, 자살시도를 할 이유도, 반항할 이유도 사라진다.

죄책감(guilty)을 느끼는 센서가 없어 분노

아이는 성장하면서 언어를 습득하

고 수의 개념을 알고 과학적 논리가 생기고 자기를 표현하는 능력을 갖게 되는데 이것은 생존에 필요한 기능이다. 학과로 보면 국어, 영어, 수학, 물리, 과학 등의 영역이다. 이런 부분에 탁월한 사람들은 생존의 보장이라는 결과물을 얻는다. 생존지능이 성장하는 동안 정서지능, 관계지능, 정신 내적 수준도 함께 올라가야 하는데 학교 교육과는 전혀 별개의 문제다. 이것은 가족을 통한 관계경험을 통해서 발생하고 성숙한다. 신체적 성장은 '발육(growth)'이라 하고 심리적 성장은 '발달(development)'이라고 한다. 발육은 점진적인 성장 곡선을 그리다 어느 시점부터 하향곡선을 그리지만 발달은 단계를 통해 계속 올라간다. 발달은 각 단계마다 과업이 있는데 그 단계의 발달과업을 이수하지 못하면 그 상태에 고착된 채로 평생을 살아야 한다.

왕이 된 자녀들은 생물학적으로는 초등 고학년, 중고생인데 심리 나이가 영아기에 고착(fixation)되어 있다고 보면 된다. 영아기의 발달 특성은 자기중심성이라 나밖에 모르고 모든 사건을 자기중심적으로만 해석하고 행동한다. 모든 사람은 나를 위해 존재해야 한다고 믿는다. 또 영아기는 잘못이라는 개념 자체가 형성되지 않는 시기다. '내 잘못'이라는 개념이 없으니 사과도 안 한다. 자기에게 잘못이 없으니 어떤 문제가 발생하면 그것은 당연히 외부 탓이다. 내가 잘못을 했다 하더라도 그건 내 잘못이 아니라 나로 하여금 잘못하게 만든 사람의 잘못이다. 영아기에 고착된 자녀는 심리적 귀가 없다. 들으려고도 하지 않고 들을 줄도 모르고 들어도(hearing) 무슨 말인지 못 알아듣는다(listening). 그래서 부모의 교육이나 조언을 있는 그대로 받아들이지 못하고 자기를 공격하는 것으로 해석하고 공격성을 드러낸다.

그래서 요즘 한국의 자녀들은 한민족 5천 년 역사에서 가장 좋은 조건을 가진 부모를 자기 부모로 두었음에도 정작 당사자만 그것을 모른다. 마치 산소 챔버 속에 들어가서도 숨을 못 쉬어 죽겠다는 것이나 홍수 속에 목말라 죽겠다는 것과 같다. 물론, 요즘 세상에도 학대와 방임, 폭력과 폭언, 기본적인 돌봄도 제공 안 하는 등 부모 노릇을 제대로 못하는 사람들이 여전히 존재한다. 그러나 한국의 일반 부모들 중에는 그렇게 막돼 먹은 부모, 무식하고 독재적인 부모는 거의 없다. 오히려 잘 해주는 부모, 아낌없이 주는 나무와 같은 부모, 최고로 좋은 것만 제공하려는 부모, 왕이 무슨 명령을 하교하든 즉각 수행하겠다고 대기 중인 무수리 같은 부모들이 더 많다. 지금의 부모-자녀 관계는 부족이 아니라 과잉이 문제가 되고 있음에도 불구하고 부모는 여전히 자신을 부족하다고 생각하고 철없는 아이들은 받은 게 없다고 불평한다. 나중에 어른이 되고 철이 들면 자기 부모가 얼마나 좋은 부모였는지를 깨닫게 된다지만 그러기란 생각보다 쉽지 않다.

곱하기 계산법에 의한 분노

자녀들의 분노는 자기논리로는 타당하지만 정당성을 인정받을 수 없는 것들이 많다. 자녀들의 분노는

왕이 된 자녀 싸가지 코칭

'주관적 사실'에 근거한다. 즉 자기 판단에 의한 분노지 모든 사람이 인정할 만한 분노가 아니다. '주관적 사실'과 '객관적 사실'을 구분하려면 '내 문제(my problem)'와 '너의 문제(your problem)'를 구분할 수 있는 능력이 필요하고 그러려면 사건을 객관화할 수 있는 냉정한 이성과 통합적 사고가 필요하다. 그런데 요즘 자녀들은 생각의 용량이 너무 적어 냉정한 이성을 작동시키는 기능이 턱없이 부족하다. 게다가 통합적 사고 대신 단편적 사고, 쾌락적 사고만 한다. 그래서 자기 생각에 '잘못'이면 그것을 명백한 '객관적 사실'로 처리한다.

이 때문에 요즘 자녀들은 곱하기 계산법을 사용한다. 더하기 빼기 계산법은 보다 객관적인데 비해 곱하기 계산법은 지극히 주관적이다. 예를 들어, 우리 부모의 장점은 +70점이고 단점은 -30점이라고 할 때, 두 개를 가감하면 +40점이 된다. 그래도 좋은 점이 많아서 좋은 부모라고 할 수 있는 근거가 된다. 반대로 부모의 장점은 +40점인데 단점이 -60점이라고 할 때, 가감하면 -20점이 되는데 그 정도면 그럭저럭 괜찮은 분들이라고 생각할 수 있다. 그러나 곱하기 계산법을 사용하여 +70점×-30점=-210점, +90점×-10점=-900점이 되어 오히려 좋은 부모일수록 더 나쁜 부모로 평가한다. 그래서 귀하게 자라고 온갖 돌봄과 혜택을 많이 받았던 아이일수록 그것들을 깡그리 잊고 섭섭했거나 혼이 났거나 억울한 일 한두 가지로 그동안의 부모의 헌신과 수고에 마이너스(-)를 붙여 문제 부모라는 주홍글씨를 새긴다. 그렇게 매일 상처 타령을 하며 자기가 아무것도 하지 않아도 되는 정당한 명분으로 내세운다.

곱하기 계산법을 사용하는 자녀들은 반추(feedback)하는 기능이 없어 한 번 생각이 꽂히면 바로 기정사실이 된다. 주관적 사실을 객관적 사실로 바꾸려면 자기 생각이 옳은지 아닌지를 확인해야 하고 그러려면 다른 사람과의 교류가 필요한데, 요즘 자녀들은 그런 교류의 시간이 턱없이 부족하다. 가정도 부모와 자식 세대로만 구성되어 있어 교류할 다른 가족도 없거니와 집에 있어도 부모와 교류하는 대신 스마트폰이나 컴퓨터 등과만 교류하고 있으니 반추의 기능이 작동될 리가 없다. 이것은 일방적 소통이라서 생각을 수정하거나 보완하는 기능을 제공하지 못한다. 더구나 스마트폰이나 게임은 말초신경 위주의 쾌락을 제공하기 때문에 생각하는 기능을 더 약화시켜 자녀를 단순무식한 존재로 만든다.

이렇게 자란 아이는 충동적으로 행동한다. 그래서 하고 싶은 게 있으면 아무 거리낌 없이 행하고 주변 사람 누구라도 자신을 불편하게 하거나 억울하게 하거나 감정을 상하게 하면 그 분노를 폭발시켜 바로 해코지한다. 공격성의 과도한 표출은 폭력과 살인까지 이어지는 경우도 있다. 그렇게 하면서도 자신은 그 행동에 대한 정당성으로 가득 차 있다. 심하면 사람을 죽여 놓고도 죄책감을 느끼지 않는 사이코패스가 된다. 사이코패스의 전형적인 특징 중 한 가지는 '잘못'에 대한 개념이 없다는 것이다. 사람의 성숙도는 얼마나 냉정한 이성을 사용하는가에 달려 있다. 감정에 휘둘려 냉정한 이성을 갖지 못한 사람은 그만큼 어리고 미숙한 상태라고 보면 된다.

왕이 된 자녀 싸가지 코칭

어른들로부터 대물림된 분노

한국은 아이들 뿐 아니라 어른들도 다 화가 나 있다. 유교 문화권에서의 여성들은 가부장적 권위와 강요된 역할을 참아내느라 홧병에 걸렸었다. 오랫동안 억압(pression)해 둔 감정이 속에서 터져버린 것이다. 홧병(Hwa-byung)은 옥스퍼드 사전에도 등재되고, 미국 정신의학회에서도 특유한 정신의학적 증후군으로 정의하고 있다고 한다.

남자들은 죽어라 일만하고 관계의 젬병이 되는 바람에 고생만 하고 대접을 받지 못하는 억울함에 대한 분노가 차 있다. 요즘 같이 경제 수준과 교육 수준이 높아져 인권과 권리가 존중되는 정의사회를 외치는 시점에서의 사람들 분노는 쉽게 납득이 되지 않는다. 한국 사람은 남녀노소 할 것 없이 다 화가 나 있다. 그 때문인지 누구든 건드리면 터지는 폭탄이다. 십대들이 저지르는 범죄도 얼마나 끔찍한지 모른다. 최근 서울 강서구 피시방 살인사건을 비롯한 몇몇 대형 사건들은 이른바 '묻지마'사건이었다. 다들 고성능 폭탄인데 사람이 자기도 모르게 긴드린 인계철시로 인헤 애꿎은 희생자가 된다.

한국 사람이 대체로 화가 나 있다는 것은 보복운전이란 말만 봐도 알 수 있다. 오죽하면 보복운전금지법까지 만들어야 했을까? 평소 점잖은 신사도 운전대만 잡으면 헐크로 돌변한다. 나는 그것을 실제로 목격했다. 우연히 지인의 차를 타게 되었는데 평소 모습과는 정반대인 모습을 보고 놀랐다. 그분은 늘 명랑하고 친절하고 유머러스하고 노래도 잘 하고 무대에 나서기를 좋아하는 호인이었다. 그런데 운전대를 잡은 그는 난폭하고 거칠기 짝이 없었고 앞차가 느리게 가면 "굼벵이를 삶아 먹고 나왔냐?", "그 좋은 차로 그렇게 다니려면 뭐 할라고 끌고 나왔냐?"라고 욕을 하고 뒤에 누군가 따라와 바짝 붙으면 "뒤로 떨어져 XX야."라며 온갖 욕을 해댔다.

심리학자의 눈으로 본 대한민국 남자들의 분노는 '전치(displacement)'라는 방어기제다. "종로에서 뺨 맞고 한강에서 눈 흘긴다."라는 속담의 전형이다. 평소에 꾹꾹 눌러둔(억압) 분노를 도로 위에서 불특정 다수에게 표출하는 것이다. 또 하나는 "나는 너보다 훨씬 낫다.", "나같이 운전하면 신호등도 필요 없다."라는 우월감의 표현이다. 가정이나 직장에서 받은 인정이 턱없이 부족하니 운전을 통해서라도 자신의 능력을 입증하고 싶은 본능이다.

왕이 된 자녀 싸가지 코칭

이제는 무기력에까지
빠진 아이들

나는 올림픽이나 아시안 게임에서 우리나라 선수들이 메달을 따내는 장면을 볼 때면 가슴이 뭉클해진다. 언제부터인가 대한민국은 스포츠 강국으로 우뚝 서 있다. 최근 우리나라의 올림픽 종합 성적은 10위 이내다. 2004년 28회 아테네 올림픽 9위, 2008년 29회 베이징올림픽 7위, 2012년 런던올림픽 5위, 2016년 리우올림픽 8위의 성적이다. 2020년 도쿄올림픽은 코비드19로 인해서 한 해 연기되었지만 정상으로 개최되었더라도 틀림없이 10위권 이내의 좋은 성적을 거두었을 것이다.

못 먹고 못 살았던 과거에 올림픽 메달은 언감생심(焉敢生心)이었다. 그나마 따낸 메달은 복싱과 레슬링 같은 헝그리 종목이었다. 올림픽의 뿌리라고 하는 육상 종목에서는 메달을 따내지 못했다. 일단 체격에서 밀렸다. 그러나 요즘엔 육상이나 수영 종목에서도 메달을 따온다. 절대 가난이 해결되고 생활환경이 좋아지면서 영양상태가 좋아지니 체격도 좋아진 까닭이다. 신체조건은 이제 세계 어느 나라 선수들과 비교해도 뒤지지 않는다. 물론, 개인의 탁월한 자질과 피나는 노력을 배제할 순 없다. 그런 면에서 보면 피겨스케이팅 김연아 선수의 금메달은 한국의 스포츠 토양에서는 절대로 나올수 없는 일이었다. 인프라가 형편없이 낮은데도 개인의 탁월성을 통해 얻어낸 쾌거다.

그렇지만 요즘 자녀들의 체력은 바닥이다. 군에서 받는 훈련의 내용과 강도를 보면 너무 약해 보인다. 체격은 좋은데 체력이 약해진 요즘 젊은이들 중에는 훈련소의 기초 훈련을 견디지 못하는 숫자가 낮다고 한다. 몸을 써 본 일이 별로 없어 기초체력이 형성되지 않은 까닭이다. 그래서 옛날에는 밖에서 뛰어놀던 자녀의 귀를 잡아 당겨 집으로 데리고 들어갔는데 요즘은 집 안에서 컴퓨터나 스마트폰 앞에 앉아 있는 아이의 귀를 잡아 비틀어서라도 바깥으로 끄집어내는 일이 다반사가 되었다. 그래서 운동용품 회사 나이키는 "우리의 적은 닌텐도다."라고 말했다. 아이들이 뛰어놀아야 운동화

소비가 생길 텐데, 집에서 게임만 하고 있느라 밖으로 안 나가니 운동화가 닳을 이유가 없고 운동화가 닳지 않으니 새로 구입할 이유도 사라지는 것이다.

신체적 체력 약화도 문제지만 정신적 체력 약화도 문제다. 일본에서는 우리나라 수능에 해당하는 대학입학자격 시험을 통과할 필요가 없는 천재들을 영입했던 회사들이 도리어 정기적으로 학교를 다니고 수능을 치른 사람들을 다시 뽑는다고 한다. 왜냐하면 인재들은 대체로 교만하고 끈기가 부족한데다 화합력이 약해 시너지 효과를 내기가 어려웠던 반면, 고등학교를 졸업하고 수능을 치른 사람들은 끈기가 있고 화합력이 좋아 시너지 효과를 통한 성과가 좋기 때문이라고 한다. 그 이유는 그들이 비록 수능이라는 과정, 입시제도의 희생자가 되긴 했지만 싫어도 끝까지 참고 공부하고 시험을 준비했던 것이 정신적 체력이 되어 회사에서 겪는 어려움을 끝까지 참고 견뎌내기 때문이라고 한다. 요즘 자녀들에게 꼭 필요한 기능 중의 한 가지가 싫어도 해야 할 일을 끝까지 해내는 능력, 싫은 일도 해야 할 일이라면 팔 걷어붙이고 덤벼드는 마음가짐이다.

과도한 아이 중심 교육에서는 아이들로 하여금 싫어하는 일을 시키지 않는다. 그래서 요즘 아이들은 자기 하기 싫은 일은 절대로 하지 않는다. 오히려 세상의 문화는 그런 태도를 독려한다. 게다가 제도화된 교육은 '아이가 원하는 대로'의 철학을 깔고 있기 때문에 부모도 아이가 원하지 않으면 시키지 않는 것이 일반화 되어 있고 아이도 '하고 싶지 않은 일은 하지 않아도 돼.'라는 생각으로 가득 차

왕이 된 자녀 싸가지 코칭

있다. 그러나 사람은 하고 싶은 일만 하고 살 수는 없다. 하기 싫은 일도 할 때는 해야 하고, 하기 싫었던 일이지만 하다 보니 어느 정도 실력을 갖추게 되고 그때부터 성과를 내기 시작하는 일도 있다. 그러다 그것이 평생 직업이 되는 사례도 얼마든지 있다. 천직이란 개인의 입맛에 딱딱 맞게 제공되는 그런 일자리란 뜻이 아니라 하다보니 몸에 익은 그 일을 말한다.

자살을 유발하는 무기력

한국은 정신적 빈곤국이다. 절대 가난의 문제는 이미 해결되었고 복지수준이 나날이 향상되어 개인의 경제 수준과 교육 수준이 선진국 대열에 올라선 시점에 도리어 OECD 국가 중 자살률 1위를 비롯한 각종 정신 질환으로 고통 받고 있는 나라가 되었다. 하긴 선진국이라 불리는 다른 나라들 역시 복지와 인간의 권익이 존중될수록 높아지는 자살률로 인해 골머리를 앓고 있다. 이 역반응 현상에 대해 그 원인이 명확히 무엇인지를 찾아내지 못하고 있다. 높아지는 자살률의 이면에 깊숙이 자리 잡고 있는 감정은 '무기력'이요, 그것에 동반된 감정이 '무가치감', '무의미', '무능감'이다. 노인자살률의 뿌리에도 무기력이 자리 잡고 있고 청소년 자살률의 이면에도 깊은 무기력이 자리 잡고 있다. 아이들에게서 초롱초롱한 눈빛, 호기심 가득한 표정, 어떤 일에 덤벼드는 열정이나 기개를 품은 호연지기 같은 것은 사라진 지 오래다. '하고 싶지 않은 일은 안 해도 돼.'로 인해 아무것도 안 하다 보니 정말 아무것도 아닌 존재, 무능한 존재가 되어버렸다. 무기력은 다른 말로 무능력이다.

가장 큰 문제가 무기력임에도 이것이 부각되지 않는 것은 각종 중독 문제와 폭력 문제가 너무 극명하게 드러나기 때문이다. 중독은 스마트폰 중독, 게임 중독, 인터넷 중독과 같은 것들이다. 우리나라 청소년들이 일으키는 문제라고 해 봤자 미국 청소년들의 마약 중독, 섹스 중독과 같은 것에 비하면 귀여운 수준이라고 말하는 사람도 있지만 중독은 중독이다.

중독이란 말의 사전적 의미(Daum 어학사전)는 ① 술이나 마약 따위를 계속적으로 지나치게 복용하여 그것 없이는 생활이나 활동을 하지 못하는 상태 ② 음식물이나 약물 따위의 독성으로 인해 신체에 이상이 생기거나 목숨이 위태롭게 되는 일 ③ 어떤 사상이나 사물에 젖어 버려 정상적으로 사물을 판단할 수 없는 상태라고 표현되어 있다. 중독은 일생이 통째로 망가지는 위험한 일이다. 결코 가볍게 넘길 일이 아니다. 게다가 아주 오랫동안 중독에 빠진 채 지낸다면 그 또한 심각하게 걱정할 일이다. 거기에 한두 명의 아이가 아니라 거의 대부분 아이들이 집단으로 중독에 빠져 있다면 어찌할 것인가?

또한 왕따를 비롯한 학교 폭력 문제에 대한 이야기는 어제 오늘의 이야기가 아니다. 가장 근본적인 이유는 따로 있다. 학교 교육의 부재도 아니고 가난의 문제도 아니다. 인성교육의 부재에서 오는 현상이다. 학교에서 하는 인성교육이 아니라 가정에서 해야 할 인성교육의 부재를 말한다. 또는 골목과 마을 공동체 등 작은 집단을 통한 공동의 규범과 가치를 상실한 데서 오는 것을 말한다. 요즘

왕이 된 자녀 싸가지 코칭

아이들은 성장과정에서 마땅히 들었어야 할 말의 양이 턱없이 부족하다. 그래서 나는 싸가지 코칭을 시작하면 부모들 생각에 아이에게 마땅히 해 줄 말이라고 판단되면 너무 평범하고 당연한 말이라도 반복해서 말하라고 한다. 정작 아이들은 들은 적이 없는 것도 많고 어차피 교육은 반복이기 때문이다. 당장은 듣지 않아도 임계점에 도달하면 행동에 영향을 미친다. 인성교육의 목표점은 단순히 예의바른 사람을 만드는 차원이 아니라 삶의 의미와 가치를 추구하는 활력 충만한 사람으로 만드는 일이다.

아이들은 왜 무기력에 빠졌을까?

첫째, 좌절의 연속을 경험했을 경우다. 이것은 마틴 셀리그만(Martin Seligman)의 '학습된 무기력' 이론으로 아이가 성장과정에서 감당할 수 없는 큰 좌절을 연속으로 겪었을 때 아예 포기하는 쪽을 선택하여 무기력한 존재가 되는 것을 말한다. '셀리그만의 개'라는 용어로도 불린다. 셀리그만이 개 실험을 통해서 학습된 무기력을 설명했기 때문이다. 개를 우리 속에 가둬 놓고 전기충격을 가했는데, 몇 번의 경험을 통해 전기충격을 피할 수 없다는 것을 깨달은 개들은 나중에 도망갈 수 있는 환경에 놓여 있어도 전기충격이 시작되면 도망을 안 가고 그냥 무력하게 전기충격을 받는다는 실험 결과였다. 즉 무기력이 학습된 것이었다.

아이들은 공부 외에는 자기 능력을 입증할 수 있는 수단이 없었고 공부라는 영역도 쉽게 넘을 수 있는 부분이 아니었다. 그렇게 몇 번 시도를 했다가 번번이 벽에 부딪힌 후에는 아예 공부를 포기해 버린다. 희망적인 사실은 무기력이 '학습'되었기 때문에 치료도 학습으로 가능하다는 점이다. 무기력의 상대개념이 '활력'인데, 학습을 통해서 얼마든 배울 수 있다는 것이다. 활력은 작은 성취경험의 연속으로 얻을 수 있다. 그러려면 공부 외에도 집안일이나 주변의 일, 공부 외의 능력으로 성취 경험을 자주 해야 한다. 그래서 운동이나 예술적 분야의 경험을 하게 하는 것은 활력을 갖게 하는 데 크게 도움이 된다. 옛날에는 공부할 시간에 운동이나 예술 쪽을 하면 손해가 된다고 했지만 요즘은 정반대다. 운동이나 예술 쪽을 잘하는 아이가 공부도 잘하고, 공부를 잘하는 아이는 운동도 잘하고 예술 쪽도 탁월하다.

둘째, 사회적 환경 때문이다. 승자독식, 획일화, 성과위주의 사회 분위기는 아이들의 눈에 넘을 수 없는 벽으로 인식된다. 그래서 요즘 아이들이 느끼는 미래에 대한 암담함은 부모 세대보다 월등하게 크다. 그래도 부모 세대는 "하면 된다.", "산 입에 거미줄 치지 않는다.", "심은 대로 거둔다.", "콩 심은 데 콩 나고 팥 심은 데 팥 난다.", "노력은 배신하지 않는다."의 원리가 적용되었다. 그 법칙에 의해 노력하고 수고한 사람들은 성공신화의 주인공이 되고 젊은이들의 롤 모델이 되었다. 그런데 지금의 자녀 세대는 "아무리 해도 안 되는 건 안 된다.", "심었다고 되는 건 아니다.", "콩 심은 데 콩 나고 팥 심은 데 팥 나지만 심어도 안 나는 땅이 있고 심기만 하면 대박 나는 땅은 따로 있다.", "노력해도 배신당한다."의 느낌을 더 크게

왕이 된 자녀 싸가지 코칭

받고 있다. 그래서 요즘엔 조물주 위에 건물주가 있다는 말도 있고, 많은 아이의 로망이 건물주라고 한다. 매월 꼬박꼬박 나오는 월세로 생계보장은 물론 늘 놀면서 살아갈 수 있다는 특권을 누리겠다는 발상이다. 그런데 설령 건물주가 된다고 한들 행복할 수 있을까?

인터넷 서핑 중에 한국에서 살고 있는 청소년과 청년들의 무기력을 말해주고 있는 내용이 있어 인용해 본다.

> "요즘은 정말 살기 힘든 시절인 것 같습니다. 어릴 때부터 좋은 대학에 가기 위해 밤낮으로 열심히 공부해서 좋은 대학에 가더라도 졸업 후에는 좁은 취업 관문을 통과해야 하고 취업 후에는 결혼도 해야 하고 그 후에는 내 집 마련까지 해야 하는 상황이죠. 연애, 결혼, 출산을 포기한 3포 세대, 내 집 마련과 인간관계까지 포기한 5포 세대, 7포 세대란 꿈과 희망마저 포기한 세대이며 N포 세대의 뜻은 몇 가지가 됐든 다른 것도 다 포기해야 하는 상황에서 나온 말입니다. 언제쯤 이런 걱정 없이 행복하게 살 수 있는 세상이 올까요? 돈 걱정 없이 웃으면서 살 수 있는 세상이 빨리 오기를 바랄 뿐입니다. 좌절하지 않고 큰 꿈과 비전을 가지고 오늘도 열심히 살아야겠습니다."

셋째, 성공해야 할 이유를 모르기 때문이다. 우리는 성공해야 한다는 것만 주입시켰지, 성공해야 할 이유와 성공 이후의 삶에 대한 것을 가르치지 않았다. 이에 미국의 기업인이자 주식 투자의 달인

워렌 버핏(Warren Buffett)은 "열정은 성공의 열쇠, 성공의 완성은 나눔이다."라고 말했다. 부는 나누기 위해서 존재하는 것이지 자기만을 위해 존재하는 게 아니다. 자기만 움켜쥐는 쪽을 선택하면 쾌락의 노예가 되거나 무의미의 늪에 빠질 위험이 다분하다. 그래서 기본 생존에 필요한 수준의 부를 만들었다면 그 이상의 부는 나누고 베푸는 쪽으로 사용하는 사람들이 행복하다. 이들에게는 무기력 대신 활력과 삶의 의미가 가득하다. 부를 통해서 할 수 있는 일은 훨씬 더 크고 많기 때문에 선한 일에 부자가 되는 것은 인간으로서 의미 있고 가치 있는 일이다.

무기력 때문에 좀비가 된 아이들

사례 1) 아들이 5년째 집 밖을 안 나가요.

꼭 자기 집으로 와서 아이를 만나달라는 분이 있었다. 아들이 스물두 살인데 고등학교를 자퇴한 후로 5년째 자기 방에서 안 나온다는 것이었다. 하도 사정을 하기에 방문해서 아이를 만났는데 첫 대면부터 혼란이 왔다. 내가 받은 정보는 분명히 아들이었는데 만난 아이는 바짝 마른 몸매에 하얗다 못해 푸르게 느껴질 정도의 얼굴색이었고, 머리를 깎지 않아 긴 생머리를 하고 있어 딸로 보였다. 그 아이는 나와 눈도 마주치지 않았고 말 한 마디 하지 않았다. 5년 동안 집 밖을 나가본 적이 한 번도 없었고 집에 있어도 방에서 나오는 일이 없고 음식은 엄마가 끼니마다 방으로 넣어주고 있었다.

사례 2) 아들이 거실에서만 살려고 해요.

어느 지방에 강연을 갔는데 강연을 마친 후 어떤 분이 자기 집에 와 달라고 했다. 마침 내 아내가 동행하고 있어 같이 집을 방문했다. 3 층이었음에도 불구하고 온 집안이 어두컴컴했다. 창문마다 블라인드를 쳐 놓고 거실에는 파티션이 길게 놓여 있었다. 파티션 뒷면에는 침대와 TV, 랩톱 컴퓨터가 놓여 있었다. 스물다섯 살 아들이 사는 공간이었다. 초등학교 때부터 중고등학교 다니는 동안 계속 왕따를 당했고, 심한 우울증으로 대학은 입학했다가 그만두었다. 입영통지를 받고 입대했다가 정신건강 문제로 세 번 연속 퇴짜를 맞고 최종 면제 대상이 되어 집에 눌러 앉았다. 방은 답답해서 넓은 거실에 있기를 원했고 빛을 싫어해 온 집안 창문에 블라인드를 달았다.

무대에 선 강사였으니 나를 전능자로 생각하며 자기 아이를 만나 달라고 부탁을 해 왔지만 솔직히 나도 어찌할 도리가 없다. 상담실에 온 내담자가 따지고 덤벼들거나 저항을 보이는 건 차라리 괜찮다. 저항을 한다는 건 심리적 방어기제를 파악할 수 있는 것이고 또 기본적인 힘이 있다는 뜻이기 때문에 논리적 설명이 가능하고 납득을 통해 행동변화를 유발할 수 있기 때문이다. 그런데 무기력이 너무 심해 거의 좀비가 된 대상은 그 어떤 의욕도 없기 때문에 접촉점을 찾기가 어렵다.

이런 사례를 몇 차례 접해 보니 공통점이 있었다.

첫째, 엄마의 불안지수가 과도하게 높았다. 때문에 다 큰 아이를 갓난아기처럼 다루고 있었다. 영아기의 아기라면 대소변 처리부터 먹는 문제까지 모든 것을 알아서 제공해 주어야 하는데 다 큰 자녀임에도 그런 식으로 대하고 있었다. 엄마의 과잉헌신이 문제인데 정작 엄마들은 그것을 모르고 있었다. 그러다 보니 아이가 신체적으로는 성인이었지만 심리적으로는 완전히 영아 행세를 하고 있었다. 아니 신체적 느낌, 피부 색깔, 부드러움이 갓난아기 같았다. 엄마는 아이를 유리인형 대하듯 하고 아이는 늘 징징대는 것으로 욕구를 표현했다.

두 번째, 어릴 때부터 왕따를 당했다는 점이었다. 왕따의 피해자요 희생자이기에 얼마나 힘들었을까를 생각하면 측은하고 안타깝다. 배움의 장소인 학교에서 왕따가 되는 것 자체에 분노도 일어난다. 왕따의 메커니즘 중에는 '희생양 만들기'가 있다. 약하고 무력한 대상자 하나를 정해서 그를 희생시킴으로써 다른 개체가 안전을 얻는 방식이다. 흔히 동물의 세계에서 어미 젖꼭지 개수보다 많은 새끼를 낳으면 새끼들끼리 젖꼭지 쟁탈전을 벌인다. 그때 젖꼭지를 차지 못한 새끼는 계속 밀려나 젖을 못 먹어 가장 약한 대상이 되는데, 어미도 별 상관하지 않는다. 적자생존의 법칙이 적용되기 때문이다. 왕따는 왕따를 시키는 주체가 100% 잘못이지만 조심스럽게 생각해 볼 부분은 희생양이 되는 아이들이 어떤 아이들인지도 생각해 보아야 한다. 기본 에너지가 없는 아이, 사물이나 사람에 대한 기본 지식이 없는 아이, 너무 이기적이거나 자기 세계에 갇힌 아이, 무력하기 짝이 없는 아이가 대상이 되기도 한다. 또 "지렁이도 밟으면 꿈틀한다."라고 하는데 희생양들은 밟아도 꿈틀하지 않고 무력하게

왕이 된 자녀 싸가지 코칭

당한다. 그러면 더 짓밟히는 존재가 된다. 최소한 밟히면 꿈틀할 줄 알아야 하는데 아이는 아무런 방어력도 형성하지 못한 것이다.

셋째, 할 줄 아는 게 아무것도 없다. 공부도 안 하고 독서도 안 하고 운동도 안 하는 등 자기 계발을 위한 어떤 작업도 하지 않는다. 하루 종일 침대에 누워 있으면서 스마트폰만 가지고 있다든지 컴퓨터만 조작하면서 시간을 보낸다. 식구들이 공동으로 밥 먹는 시간에도 안 나오고 누구하고도 교류하지 않으려 한다. 할 수 있는 것이라곤 아무것도 없다. 병원에 가서 심리검사를 하면 우울지수가 높다거나 분열성 성격장애(Schizoid personality disorder)라는 진단을 받기도 하지만 특별한 정신적인 문제는 없다고 나온다. 분열성 성격장애란 혼자 있고 싶어 하는 사람, 친밀한 관계를 원치 않는 사람, 세상과 단절하여 고립된 섬과 같은 사람을 지칭한다. 스스로 무엇인가를 해야 하는 시기에 과잉 사랑, 과잉 존중, 과잉 헌신으로 인해 아무것도 해 본 경험이 없어 정말 아무것도 아닌 존재가 된 사례다. 그러다 보면 점점 더 무기력한 존재가 되고 그것은 엄마의 더 큰 헌신과 수고를 요구하고 엄마는 갓난아기 돌보듯 먹을 것, 입을 것, 용변보기를 비롯한 모든 것을 다 해 주어야 한다.

참새 같은 작은 새도 자기 나름의 발톱이 있고 부리가 있고 털이 있어 자기 방식대로 거뜬히 살아간다. 그런데 발톱 뽑히고 부리 뽑히고 털까지 뽑힌 새가 되었다면 어떨까? 자식을 그렇게 만드는 건 엄마의 과도한 불안이 낳은 과잉보호 때문이다.

좀비가 된 성인 자녀는 영아에서 유아로, 유아에서 아동으로, 아동에서 청소년으로, 청소년에서 청년으로 키워나가야 한다. 그러려면 둥지부터 없애고 집안일부터 시켜야 한다. 밥 갖다 바치는 일 같은 건 절대로 하면 안 된다. 가끔은 블라인드 확 열어제치고 청소를 해야 하고 이불도 털어내야 한다. 청소할 때 아이를 동참시켜야 한다. 식사 시간에 식탁에 앉지 않으면 밥을 제공하지 않아야 한다. 그럴 때 아이가 안 먹고 버티는데 그게 안쓰러워 먹을 것을 갖다 주기 시작하면 주종관계가 성립된다. 굶어 쓰러져 병원으로 싣고 가는 사태가 생기더라도 밥은 식탁에 나와서 먹도록 해야 하고 집안일을 시키고 밖에 산책도 나가고 크고 작은 경험도 하게 만들어야 한다. 다시 부리가 돋아나게 하고 털이 나게 하고 발톱이 나게 해야 한다. 그래야 스스로 자기를 보호하고 사냥도 하면서 세상을 거뜬히 살아가는 주체가 된다.

세상은 온갖 세균들이 득실거리는 곳이지만 우리가 거뜬히 살아가는 것은 우리 몸엔 면역력이 있어 각종 병을 이겨내고 혈액엔 백혈구가 있어 세균과 싸워 이기기 때문이다. 싸울 때 싸워야 하고 직면할 땐 직면해야 한다. 이지성의 《여자라면 힐러리처럼》(다산북스, 2007)에서는 힐러리 클린턴의 어린 시절 일화를 소개하고 있다. 힐러리 가족이 이사를 했는데 그 동네 어떤 아이가 골목대장이라며 힐러리를 괴롭혔다. 울고 들어온 힐러리를 보고 그녀의 어머니는 "다시 나가! 겁쟁이는 이 집에 들어올 수 없어!"라고 단호하게 말했다. 결국 힐러리는 그 아이와 맞장을 떠 결국 그 동네를 접수했다. 힐러리를 강하게 키웠던 것은 그녀의 어머니였다. 문제에 눌려 질식하는 아이가 아니라 문제와 싸워 도리어 자신의 존재가치를 드러내는 아이로 키웠던 것이다.

과도한 자존감 존중이 부른 무기력

"칭찬은 고래도 춤추게 한다."라는 말을 자주 들었을 것이다. 책으로도 나왔고 육아서에선 빠짐없이 등장하기 때문이다. 칭찬은 고래도 춤추게 하는 것 맞다. 그런데 나는 부모교육 강연현장에서 이렇게 말한다. "칭찬은 고래도 춤추게 하는 게 맞습니다. 단, 여러분 자녀의 지능이 고래 정도라면 계속 칭찬만 하십시오." 칭찬은 고래를 춤추게 하지만 과도한 칭찬은 도리어 역효과를 가져온다. 칭찬은 행동주의 심리학에서 말하는 '보상'인데 짐승은 보상을 통해 행동을 강화하지만 인간은 보상을 받을 때 그 보상 때문에 도리어 의욕이 더 꺾이는 존재이기도 하다. 절대 가난의 시기에는 돈이란 보상이 큰 의미가 있었다. 그러나 절대 가난을 넘긴 시점에서 돈이란 보상은 그다지 효용성이 없다. 이를테면 어떤 회사원이 자기가 꼭 도전하고 싶은 일에 몰두해 큰 성과를 냈다고 하자. 자신은 그 결과만으로 충분히 만족하고 기분이 좋은데 회사에서 인센티브를 주며 또 그런 성과를 내라고 말하는 순간 의욕이 꺾여버리고 만족감이 떨어진다는 것이다. 왜냐하면 그의 행동 동기는 보상이라는 외적 동기가 아니라 스스로의 내적 동기에 의한 것이었기 때문이다. 내적 동기에 외적 보상이 주어지면 그 효과는 오히려 떨어진다.

최근에 이르러 과도한 칭찬이 도리어 역효과를 낸다는 이론들이 계속 나오고 있음에도 여전히 칭찬 이론이 득세했던 것은 '자존감 이론' 때문이었을 것이다. 자존감은 심리학의 마스터키로 통한다. 심리학 관련 서적엔 자존감(자아존중감)에 대한 이론이 기본적으로 들어 있다. 부모는 무슨 일이 있어도 자녀의 자아존중감을 짓밟으면 안 된다. 자아존중감은 좋은 부모를 통해 충분한 돌봄과 관심과 사랑을 받을 때 형성된다. 자존감은 사람이 세상을 살아가는 데 있어 기본적으로 갖춰야 할 심리적 골격이다. 뼈대가 약한 사람은 아무 일도 할 수 없듯이 심리적 골격인 자존감이 형성되지 않은 사람은 기본적인 삶을 영위할 수 없다. 자존감의 형성은 아무리 강조해도 지나치지 않는다. 그래서 모든 심리치료, 상담은 자존감의 회복으로 귀결되어 있다. 또 그런 과정을 통해서 자존감을 회복한 사람은 이전의 삶과 이후의 삶이 완전히 다르게 바뀐다.

그런데 1990년 이후에 태어난 자녀들은 자존감 문제를 거론할 대상이 아니다. 그 이전 세대는 자존감이 펑크 난 사람이 많았지만 1990년 이후 세대에 자존감에 펑크 난 자녀는 거의 없다. 물론, 지금도 여전히 아동학대, 폭력, 돌봄의 부족, 가난, 부모의 이혼을 위시한 가정파괴로 인해 방치되거나 버림받은 아이들의 경우는 자존감이 펑크 나 있을 것이다. 그들에게는 자존감의 회복이 가장 선행 작업이다. 다만, 이 책은 그런 아이들을 대상으로 하지 않는다. 지극히 보편적인 한국 가정의 자녀들을 대상으로 하고 있다. 이런 가정의 자녀들은 자존감 부족이 아니라 자존감 과잉으로 인해 심리적 마스코트가 된 것이 문제다. 자신이 마스코트인 줄 알았는데 거기에 따른 지위의 인정과 능력이 뒷받침되지 않는다는 것을 알게 될 때 무기력에 빠진다.

자존감을 느끼게 하려면 아이로 하여금 왕과 같은 대접을 받게 해 주어야 한다. 원하는 것이면 무엇이든 이뤄지는 세상을 경험케 해야 한다. 그런데 어릴 때는 외부에서 제공하는 좋은 자극(돌봄, 칭찬, 생활환경, 인정)이 필요한데 성장할수록 스스로가 능력을 발휘하는 성취 경험이 더 많이 필요하다. 자존감이 형성된 자녀가 어느 정도 커서 세상이란 무대로 나아갈 때는 자기효능감(self-efficacy)을 형성해야 한다. 자기효능감이란 캐나다 심리학자 앨버트 밴두러(Albert Bandura)가 제시한 개념으로 어떤 상황에서 적절한 행동을 할 수 있다는 기대와 신념을 말한다. 여기엔 자기의 능력에 대한 인정과 신뢰, 미래의 자신에 거는 기대가 다 포함되어 있다. 즉, 무대를 앞두고 무대에 올라섰을 때 탁월한 능력을 발휘할 수 있는 사람에게서 나타나는 마음가짐이다. 그래서 탁월한 능력자일수록 더 큰 행복을 느낀다.

요즘 자녀들의 문제는 절대 자존감 문제가 아니니 헛다리짚지 말라. 자존감이 문제가 아니라 왕처럼 살아오느라 아무것도 안 해서 아무것도 아닌 존재가 되어버렸고 무식하고 무능한 존재로 전락해 무대에 올라설 수 없는 존재가 된 바람에 자기효능감을 갖지 못한 것이 문제다. 거듭 말하지만 요즘 한국의 자녀는 "칭찬은 고래도 춤추게 한다."라는 이론을 적용할 대상이 아니다.

된서리 맞은
아이들

공부는 사람이 세상에 태어나 가질
수 있는 가장 큰 즐거움이다. 논어에는 학이시습지불역열호(學而時
習之不亦說乎?) 즉, "배우고 때로 익히니 또한 즐겁지 아니한가?"라
며 인간이 가지는 최고의 즐거움이 공부라고 말한다. 그래서 공부
의 기회가 주어졌다는 것은 최고의 즐거움을 누릴 기회를 부여받았
다는 뜻이다. 원래 공부의 기회는 보통 사람들에게는 제공되지 않

았다. 귀족이나 왕족 등 신분이 높고 경제적 여유가 있는 사람들의 특권이었다. 중국 무술을 가리키는 쿵후(Kung fu, 功夫)도 무술과 관련 없이 '숙달된 기술'을 가리키는 말로 쓰인다. 학자를 말하는 영어 단어 '스칼라(scholar)', 학교의 어원 '스쿨(school)'도 '여유', '여가'에서 온 말이다. 그 공부 역시 요즘 인문학이라 불리며 행복의 교과라고 불리는 음악, 미술, 체육 중심이었다.

그렇지만 한국의 아이들에게 공부는 말만으로도 이가 갈린다. 어릴 때부터 놀이를 통한 즐거움의 기회를 통째로 빼앗기고 한글, 영어를 비롯한 온갖 학습에 시달려야 했기 때문이다. 또래들과 어울려 온몸을 부대끼며 노느라 해가 넘어가는 줄도 몰랐어야 할 시기에 이곳저곳 학원으로 끌려 다녔다. 이때는 학습을 할 때가 아니라 몸을 움직이며 놀아야 할 시기다. 아이들이 실컷 노는 경험을 '꼭지가 떨어질 때까지 노는 경험'이라고 하는데 실컷 놀아볼 만큼 논 아이라야 또 다른 일에 대한 호기심을 작동시킨다. 한국 초등생들의 하루 학습 스케줄을 보면 아이가 정신이 돌지 않고 있다는 것이 신기할 정도다. 어릴 때부터 너무 많은 자극, 너무 많은 교육에 노출시킬 경우 가장 큰 피해는 호기심과 주도성이 상실이다. 호기심과 주도성은 자기주도학습의 원동력인데, 어리석은 부모들은 원동력을 죄다 제거해 놓고는 자기 아이가 자기주도학습을 하는 존재이기를 희망한다. 새의 날개를 꺾어 놓고 날지 못한다고 채근하는 꼴이다.

게다가 우리를 정말 허탈하게 만드는 사실은 그렇게 목숨 걸고 공부했던 그 학습 내용이 고등학교를 졸업하고 나면 그다지 효용성이 없다는 점이다. 이는《제3의 물결》로 유명한 엘빈 토플러(Alvin Toffler)가 지적했다. 그는 노년에 한국을 다녀가면서 이렇게 말했다. "내가 제3의 물결인 정보화 사회를 예견했는데 한국처럼 정보화 사회를 완벽하게 구축한 예는 없었다. 대단하다. 내가 생각한 것보다 훨씬 더 잘 하고 있는 나라다. 그런데 한국에 와서 이해할 수 없는 한 가지가 있다. 학생들이 고등학교를 졸업하고 나면 쓸데없는 지식들을 왜 그렇게 목숨 걸고 공부하는지 이해를 못하겠다."

어떤 이는 한국의 교육을 우주선을 쏘아 올릴 때 필요한 연료통과 같다고 표현한다. 우주선은 지구의 중력을 벗어나기까지 엄청난 연료를 필요로 하는데 한국에서 배우는 교육은 어느 정도 궤도에 오른 이후엔 아무 효용이 없다는 것이다. 그러니 아이들은 정작 인생을 행복하게 살아가는데 필요한 교양과 지혜는 배우지 못하고 그저 생존을 위한 지식, 고등학교를 졸업하면 별 효용 없는 지식을 배우느라 진액이 다 빠지니 공부라는 말만으로도 이를 갈게 된다.

그런 면에서 한국의 아이들은 정말 불쌍하다. 최고의 즐거움을 느끼는 행복 센서를 제거당한 채 성장했으니 말이다. 학교 공부만 했던 자녀가 나중에 공부가 인생에서 가장 큰 즐거움이라는 개념을 이해하고 수용할 수 있을까? 말뜻만이라도 이해할 수 있을까? 행복한 사람은 평생 학습인이고 평생 학습인은 늘 행복하다. 늘 독서하고 언제 어디를 가고 누구를 만나든 배우고 익힌다. 이들은 "세 사람이 길을 걸어가고 있다면 그 중의 한 사람은 내 스승이다."라는 공자의 말을 좌우명으로 삼는다. 최근에 발전되고 있는 뇌과학은

왕이 된 자녀 싸가지 코칭

그 이유를 이렇게 설명한다. 인간의 뇌는 익숙한 것을 싫어하고 새로운 자극을 좋아한다. 독서를 통해 새로운 정보를 계속 넣는 것은 뇌가 밥을 먹도록 도와주는 일이고 새로운 것을 배우고 익히는 것은 뇌가 운동을 해서 근력을 강화시키는 것과 같다. 그래서 배우는 사람은 영원한 청춘이다. 이런 사람들은 치매도 걸리지 않는다. 치매는 두뇌를 사용하지 않아 녹슬어버린 현상이다. 요즘 젊은 사람들의 치매가 늘고 있다는데 이는 TV 화면, 디지털 화면을 통해 단순자극만 즐기느라 활자로 된 책을 안 보고 깊은 생각을 하지 않기 때문이다.

어느 날 인생의 비밀을 알게 된 자녀들이 세상에서 가장 큰 즐거움인 공부를 어른들이 가장 혐오스런 자극으로 변질시켰다는 사실을 알게 된다면 그 심정이 어떨까?

현대판 카스트 제도의 된서리

요즘 자녀들은 무한 가능성, 꿈꾸는 대로 이뤄지는 가능성의 삶에 된서리를 맞았다. 가수 정수라의 노래 〈아! 대한민국〉에서는 "원하는 것은 무엇이든 얻을 수 있고 뜻하는 것은 무엇이든 될 수가 있어."라고 했지만 지금 자녀들은 그렇게 되지 않는다. 지금은 열심히만 한다고 통하는 게 아니다. 생각의 힘이 필요하고 응용력이 필요하고 다양한 부분을 한꺼번에 다 잘 하는 능력이 필요하고 그것을 뒷받침해 줄 하드웨어가 필요하다.

열심히만 하면 된다는 희망은 부모 세대의 구호였다. 그래도 그

때는 그런 기회의 폭이 넓었던 시대이긴 했다. 그래서 현재 자녀들이 느끼는 절망감의 크기, 미래에 대한 암담함의 크기는 부모가 느꼈던 것보다 최소 몇 배, 몇 십 배는 더 크다고 보아야 한다. 부모는 자녀의 속마음에 있는 그 절망감을 볼 수 있어야 한다. 그 절망감을 단적으로 보여주는 것이 7포 세대를 넘어 N포 세대라는 말이다. 최근 금수저와 흙수저라는 용어는 현대판 골품제, 현대판 카스트제도를 설명하는 말이다. 금수저라는 말은 유럽 귀족층에서 귀족으로 태어난 아이를 어머니 대신 유모가 금수저로 젖을 먹였다는 데서 온 말이다. 태어나는 순간부터 모든 것이 보장된 사람을 말한다. 그들은 부의 대물림을 지속하도록 교육받고 실제로 그것을 유지한다. 그러면 상대적으로 흙수저가 있을 수밖에 없는데, 금수저는 흙수저가 금수저 되기를 원치 않으니 흙수저로 남도록 만들려고 한다.

지금도 미국 실리콘 밸리의 엘리트들은 자기 자녀들을 제도화된 공교육이 실시되는 일반 공립학교에 보내지 않는다. 자기들이 설립한 사립학교로 따로 보내는데 교육의 커리큘럼 자체가 다르다. 생각하게 하고 창의적이 되게 하고 자율적 인간을 만들어내는 교육을 해서 부의 대물림, 부의 재창출이 이어지도록 한다. 상대적으로 공교육은 '기능하는 인간', '써먹기에 유용한 인간'을 만드는 것이 목적일 뿐이다. 멍청해서 써먹을 수 없는 인간보다는 꽤 똑똑해서 말을 알아듣고 행동으로 옮기는 사람이 필요한데, 그들은 '생존'의 문제만 해결해 주면 되기 때문에 그 정도 수준의 사람만 만들면 된다. 이들에게 생각하게 하는 교육, 삶의 주체가 되게 하는 교육은 절대로 시키지 않는다. 그 교육을 받은 사람이 부의 영역을 차지하게 되면 자기들 밥그릇이 사라지기 때문이다. 미국은 공교육 시스템 자체가 차별문제를 안고 있다. 백인들을 위한 공교육과 흑인들을 위한 공교육이 다르게 제공되고 교육의 환경 또한 차등되게 만들고 있는 것이 사회문제다.

금수저의 원조, 공교육이 아니라 사교육을 통해서 부의 대물림을 지속했던 사람들은 이탈리아의 메디치 가문이었다. 레오나르도 다빈치의 업적과 르네상스의 이면에는 메디치 가문의 영향력이 엄청나다. 원래 수학여행의 원조가 메디치 가문이다. 상류층 귀족의 자녀들을 역사 유적이 있는 곳으로 데리고 다니면서 역사와 언어를 공부하였는데, 그 공부 방식은 주입식이 아니라 논쟁(debate)을 통한 통합적 사고력 향상 교육이었다. 생각하게 하면 세상을 보는 눈이 커지고 부를 대물림할 수 있는 시스템을 갖게 된다. 결국 생각의 크기와 생각하는 능력이 상위층을 유지하고 지탱하는 힘으로 작용하는 것이다.

그러나 금수저가 노블리스 오블리제를 실천하지 않음으로써 빈부치이는 더 크게 벌어지고 대다수의 흙수저 젊은이들은 결국 7포 세대가 될 수밖에 없다. 그런 면에서 나는 한국의 아이들은 교육을 받은 게 아니라 사육되었다고 표현한다. 제대로 된 교육을 받아본 적이 없는 불쌍한 존재들이다. 원래 사육이라는 말은 사람이 아니라 짐승에게 쓰는 말이요, 그것도 집단으로 기르는 짐승에게 쓰는 표현이다. 오리농장의 오리들이 부화 후 50일도 채 되지 않아 상품이 되어 팔려나가는 운명처럼 나라와 사회가 요구하는 용도의 사람으로만 길러진다.

사실 지금의 부모 세대 역시 국가와 사회가 요구하는 기능을 갖춘 인간으로만 살다가 어느 날 삶의 의미, 인간의 존엄성 같은 물음 앞에서 공허감의 늪에 빠지고 말았다. 물론 그 물음을 던지지 않는 대다수의 사람은 그저 먹고사는 것이 해결되면 그것으로 충분하다. 한때 국민들이 생각하는 주체가 되지 않도록 만든 3S가 있었다. 첫 번째는 성(Sex), 두 번째는 스포츠(Sports), 세 번째는 영화(Screen)다. 한 마디로 쾌락을 추구하는 인간, 배고픈 소크라테스보다는 배부른 돼지를 선택하는 인간을 만드는 정책이었고 많은 사람이 거기에 동화되어 오늘에 이르렀다. 한국이 정신적 빈곤국이 된 이유다.

대중문화의 된서리

KBS TV 개그콘서트가 폐지되기 전 〈안 생겨요〉라는 코너가 있었다. 외모에 자신감이 없고 뚱뚱한 남자들이 애인이 생기지 않는 이유, 연애를 하지 못하는 이유를 처량하게 말한다. 그러면서 우울해 하고 불쌍한 표정을 짓는다. 요즘 청년들은 외모에 대한 자신감이 없어 연애를 안 한다고 한다. 그런데 냉정하게 살펴보면, 연애를 해야 한다는 가치관 자체를 한 번 쯤 생각해 볼 필요가 있다. "계약결혼처럼 결혼하기 전에 다양한 연애 경험을 가지는 것이 좋다."라고 말하는 사람들이 많다. 결혼하고 후회하지 말고 결혼하기 전에 미리 알면 좋지 않겠냐는 발상이다. 물론, 그

과정을 통해서 남자는 여자를 알고, 여자는 남자를 알면 결혼에 도움이 될 것이라고 여긴다. 그러나 실제로는 그다지 큰 도움이 되지 않고 오히려 결혼의 신비로움이 줄어드는 역효과가 날 뿐이다. 결혼은 알아서가 아니라 알아가는 과정이 행복이기 때문이다.

나는 그 코너를 보면서 대학 신입생 시절을 떠올렸다. 공강이면 따스한 봄 햇살을 쬐면서 캠퍼스 풍경을 바라보곤 했었는데 눈에 보이는 풍경들이 나를 얼마나 우울하게 만들었는지 모른다. 왜냐하면 나는 대학만 가면 자동으로 여자 친구가 생겨 연애를 하게 된다고 믿고 있었다. 미팅, 소개팅의 이런 저런 기회를 통해서 당연히 그럴 것이라고 믿었다. 남녀가 나란히 가면 당연히 연인관계라고 단정지었다. 심지어 예비역 선배들 중에는 동거하는 사람들도 더러 있었는데 그게 얼마나 부러웠는지 모른다. 상담학 석박사 공부 중 자기 내면탐사를 통해 그랬던 이유를 나름대로 해석하지만 솔직히 그때의 나는 대중문화에 세뇌되어 '연애를 못하면 불행해.'라고 혼자 우울해하고 있었던 것이다.

연애가 정말 필요할까? 조슈아 해리스(Joshua Harris)는 《노 데이팅》이라는 책을 통해서 데이트가 꼭 필요한지 되묻는다. 유대인들은 원칙적으로 데이트라는 것이 없다. 데이트보다 더 중요한 것은 삶의 원칙과 방향이요 성인으로서 자립을 위한 능력을 확보하는 일이다. 그러면 결혼할 수 있는 능력을 갖추게 되고 능력에 걸맞은 배우자를 선택해서 행복한 결혼생활을 이어갈 수 있다.

발렌타인데이나 화이트데이, 빼빼로데이를 비롯한 무슨 데이는 상술에 의한 날일 뿐 아무런 근거가 없다. 크리스마스이브에 솔로라서 우울하다는 것은 웃기고 자빠진 이야기다. 성탄절은 모든 인간이 죽을 운명에 놓였는데 그것을 불쌍히 보신 하나님이 당신의 아들을 구원자로 인간 세상에 보내셨기에 드디어 살 수 있는 길이 열렸다는 기쁜 소식을 축하하는 날이다. 마치 갱에 매몰된 광부들이 며칠째 캄캄한 어둠에 갇혀 있는데 밖으로부터 연락이 닿아 구출작업이 시작된다는 소식과 같다. 그래서 기독교에서 성탄절은 가장 큰 의미가 있고 기독교가 전파되는 곳에서는 축제일로 지켰다. 그러다 세월이 흐르는 동안 아기 예수 대신 밑도 끝도 없는 산타클로스가 대신 자리를 잡았고 교회나 성당에서 축하하고 기뻐하고 감사하는 의식 대신 술집에서 술을 먹고 음탕한 밤을 보내는 날로 변질되었다.

교육기관의 된서리

최근 어린이집과 유치원에서 부모교육을 해 달라는 요청이 부쩍 많아졌다. 내 강연 주제는 어릴 때 애착을 형성해야 한다거나 자존감을 세워 주어야 한다는 것이 아니다. 오히려 어릴 때부터 부모의 권위를 정확하게 세우고 역할분담을 시켜 적절한 일을 시키라는 강의를 한다. 부모들이 적잖이 놀란다. 정말 그렇게 해도 되냐고 아예 대놓고 반문하기도 한다. 그럼 나는 그렇게 하지 말라고 누가 그러더냐고 되묻는다. 심리학으로 보더라도 너무 일찍 어린이집에 보내는 것 자체가 분리불안을 유발하고 엄마

왕이 된 자녀 싸가지 코칭

와 애착관계를 형성하지 못하게 하는 요인이다. 엄마 스스로가 애착 결핍을 초래해 놓고 애착 문제를 걱정한다는 건 어불성설이다.

아이들을 어려서부터 집 밖으로 몰아낸 것은 부모들이다. 한국의 자녀들은 어릴 때부터 가정 밖으로 내몰려 부모, 특히 엄마와의 기본적인 친밀감, 접촉의 빈도수가 낮아져 관계의 영양실조에 걸려 있다. 한창 몸을 움직이며 뛰어놀 때부터 학습의 현장으로 끌려 다니는 자체가 스트레스다. 스트레스는 당연히 아이에게 부정적인 영향으로 자리매김할 수밖에 없을 것이고, 어릴 때야 힘이 없으니 그런 줄 알고 지내다 초등학교 고학년이 되거나 중고생이 되면 반항을 시작한다. 자유를 쟁취하기 위한 독립투쟁이다. 어느 시점이 되어 부모가 자기보다 힘이 약하다는 판단이 드는 순간 아이는 오만방자하게 행동한다. 거친 욕설은 기본이요, 자기 입장에서 좋은 것만 하려고 한다. 그러다 보니 참을성, 인내, 배려와 같은 것들은 턱없이 부족한 채로 생물학적 성장만 한다. 부모 말은 무조건 거역하고 정서장애, 충동조절장애, ADHD 등 온갖 정신병리적 딱지를 붙이고 산다. 임상용어 ADHD는 이제 일상어가 되었다.

공부하는 방식도 예나 지금이나 하나도 틀린 게 없다. 부모 세대가 받았던 교육방식을 지금도 고수하고 있다. 사실 해방과 6·25 전쟁 이후 우리나라에 도입된 제도화된 교육은 절대 가난에서 벗어나기 위한 응급처치용 교육이었다. 마치 물에 빠진 사람을 끄집어내어 심폐소생술을 실시하는 것이 의술의 전부인 양 가르쳤다. 응급처치 교육 덕분에 절대 가난은 벗어날 수 있었지만 정신적 빈곤이라는 복병을 만났다. 응급처치는 의술의 전부가 아니다. 그래서 2020년 지금은 응급처치용 교육이 아니라 폭넓은 분야를 다 다루는 제대로 된 교육을 해야 한다. 제도화된 교육만 받은 사람은 공통적으로 불안의 늪에 빠진다.

교사 비율의 된서리

남자와 여자는 다르다. 내가 3천 쌍 이상의 부부를 만나 상담을 해 본 결과도 그렇고, 25년 넘은 결혼생활을 이어온 경험으로 볼 때도 그렇다. 달라도 달라도 너무 다르다. 그래서 대부분의 부부갈등은 남자를 남자로 보지 못하고 여자를 여자로 보지 못해서 온다고 해도 과언이 아니다. 그런데 제도화된 교육에서는 남자와 여자가 다르다는 사실을 원초적으로 배제한다. 남자든 여자든 동등한 한 개체요 인격체다. 그래서 남자와 여자를 구분하는 일 자체가 인권에 위배된다고 말한다. 이 논리에서는 남자아이, 여자아이를 교사가 구분하거나 제도에서 구분하는 것도 인권침해가 되기에 어떤 성을 선택할 지는 오롯이 본인의 몫이라고 한다. 그래서 최근 유럽에서는 각종 공연장에서 "Ladies and Gentleman!"을 부르는 용어가 사라졌다고 한다. 3년 전에 가 본 뉴질랜드는 관광지에 남녀구분을 없앤 유니섹스 화장실을 설치해 놓았다.

학교는 남자 교사와 여자 교사의 성비가 맞아야 하는데 한국의 교육환경은 그렇지 않다. 교사 임용과정에서 여자 쪽이 압도적인 우위를 차지한다. 남녀의 구분 없이 개인의 능력만으로 선발하니 그런 결과가 나온다. 어린이집, 유치원의 교사는 거의 여성이다. 초등학교도 남자 교사는 여간해서 보기 어렵다. 중고등학교도 여교사의 비중이 더 높아졌고, 심지어 군대조차도 여군의 비중이 높아지고 있다. 사관학교 입학시험 때 여학생의 점수가 높다는 것, 졸업할 때 수석은 대부분 여학생이라는 점도 알려진 사실이다. 그런 까닭에 요즘 한국의 아이들은 남자 교사와 교류할 시간이 턱없이 부족하다. 우리 집 세 아이 모두 고등학교를 졸업할 때까지 담임이 단 한 번도 남자였던 적이 없었다. 그렇게 되면 초등학교에서부터 문제아동의 비율에 남자아이들이 압도적으로 많을 수밖에 없다. 여성의 시각으로 남자의 행동을 보면 뭔가 모자라거나 정신이상자로까지 보이기 때문이다.

가정에서도 아버지를 경험할 시간이 별로 없다. 한국의 아버지들은 대체로 무관심하거나 겉도는 사람들이 많아 집에 아버지가 있어도 상호교류가 턱없이 부족하다. 게다가 아버지들은 돈 벌어오는 것 외에 자녀에게 무엇을 어떻게 해 주어야 하는지 모른다. 매뉴얼도 없고 가르쳐 주는 곳도 없다.

내가 대학에서 교직이수를 할 때만 해도 남자와 여자를 구분했었다. 교직이수는 성적의 상위 30%만 신청자격이 있는데 그때만 해도 남학생 중에서 30%이내, 여학생 중에서 30% 이내로 선정하였다. 국문과라 여학생이 많은 학과다 보니 여학생 입장에선 나보다 성적이 좋음에도 불구하고 교직이수의 혜택을 받지 못한 사람이 있었다. 이 또한 얼마 있지 않아 남녀 구분 말고 실력으로만 선발하자는 형평론과 합리론에 밀리고 말았다. 그 논리에서는 맞지만 다른 관점에서 보면 형평에 어긋난다. 시험을 통한 성적으로 교사를 선발할 땐 남자들이 불리하다. 단기 기억에 강한 여자에 비해 단기 기억보다는 장기 기억에 강한 남자들은 시험을 치를 때 단기 기억에 집중적인 여자들에게 밀리기 십상이다. 그래서 요즘은 고등학교 진학할 때 일부터 남녀공학 학교를 선택하는 여학생이 많다고 한다. 높은 내신 등급을 받으려면 남학생들이 바닥을 깔아주는 남녀공학으로 가야 훨씬 유리한 고지를 점령할 수 있기 때문이란다.

요즘엔 오히려 남녀의 특성에 따른 형평을 맞추고 있다. 최근 신설하는 고속도로 휴게소나 학교, 공공시설에는 여자 화장실을 더 많이 짓는다. 형평론에선 맞지 않지만 지혜론에서 탁월한 처사다. 용변을 보는 남녀의 구조차이를 생각했기 때문이다. 기존의 고속도로 휴게소 화장실에는 남녀의 화장실 크기와 개수가 똑같았다. 단체여행 때면 남자들이 일 다 본 후인데도 여자는 여전히 줄을 서 있는 경우가 많았다. 이에 여자의 화장실을 늘려짓거나 추가 화장실을 더 만듦으로서 형평을 맞추고 있다. 지혜론의 관점에서 교사는, 특히 초등학교 교사는 더더욱 남자 교사와 여자 교사의 성비가 비슷하도록 선발해야 하지 않을까?

남자와 여자는 문제의 해석 방식이 다르기 때문에 해결 방식 또한 다르다. 그래서 담임교사가 남자냐 여자냐에 따라 아이는 지극히 정상으로 처리되기도 하고 심각한 증상으로 처리될 수도 있다.

예를 들면 남자 교사였으면 끝났을 문제가 여자 교사에겐 심각한 문제로 남을 위험도 있고 여자 교사였다면 끝났을 문제가 남자 교사라서 제대로 처리를 못 하는 경우가 있다.

예를 들어, 남학생이 무슨 잘못을 했을 때 남자 교사는 엄히 꾸짖고 조금 있다가 과자나 아이스크림을 사 주면서 "똑바로 해라."고 말한다. 남자 아이는 감동한다. 조금 전 혼난 건 혼난 것이고 지금 사주는 아이스크림은 교사의 사랑이라고 여기기 때문이다. 이 방식을 여학생에게 사용하면 모멸감을 느끼며 '조금 전에 쥐어박을 땐 언제고 금세 사 주는 아이스크림은 뭐야?'라고 황당해 하며 남자 교사를 이중인격자로 여긴다. 남자는 대체적으로 '분절적 사고'를 하고 여자는 '연결적 사고'를 하기 때문이다. 남자에겐 잘못해서 꾸중을 한 일과 과자를 사 주는 일은 별개지만 여자에겐 꾸중한 일과 과자 사 주는 일이 별개가 아니다. 그래서 남자 입장에선 지극히 정상적인 일이 여자의 눈에는 거의 정신병 수준일 수 있고 여자 입장에선 지극히 일상적인 요구가 남자 입장에선 황당하기 짝이 없는 요구가 될 수 있다.

또 아이가 어떤 잘못이나 실수를 했을 때 여자 교사는 가슴으로 다가가 아이를 먼저 이해하고 수용하는 방식을 쓰지만 남자 교사는 일을 먼저 처리하느라 아이의 마음을 읽어주지 못해 상처에 소금 뿌리는 실수를 범할 위험이 있다. 또 어떤 사건이 발생했을 때 남자들은 감정적 격앙이 발생되지만 여자는 도리어 이성적 대처를 한다. 그래서 남자 교사는 과도하고 우발적인 분노표출로 학생들에게 상처를 남길 위험이 여자 교사보다 높다.

수준 미달 교사의 된서리

학기 초가 되면 아이 문제로 상담실 문을 두드리는 경우가 늘어난다. 아이가 문제라는 이야기를 학교에서 듣고 상담을 의뢰해온 사례가 연이어 있었는데, 아이를 살펴본 결과 이렇다 할 문제랄 것이 전혀 없었다. 아이가 지극히 정상이라는 말에 부모는 안도의 한숨을 내쉬긴 했는데, 몇 아이의 문제 증상에 대한 진술이 너무 똑같아서 의문이 들었다. 연속 3년 동안 문제란 딱지를 받고 내 상담실로 왔던 아이들의 문제 증상이 똑같아서 그 아이들의 담임교사가 누구인지를 확인해 보았더니 놀랍게도 동일 인물이었다. 50대 여자 교사로 아이들을 휘어잡지 못하고 휘둘렸다. 조금만 힘들면 결근을 하고 잘잘못도 가려내지 않고 아이들을 들볶는 스타일이었다.

교육청이나 학교에서 초청하는 교사 연수과정에 강의를 가면 기본 예의조차 갖추지 않는 교사들이 많다. 강의는 듣지 않고 스마트폰만 만지작거리는 교사도 있고 과제를 이행하지 않는 교사도 있다. 연수 중에 들락날락하며 분위기를 깨고도 송구한 마음이 없다. 교사로서의 교양은 물론 일반인으로서의 교양도 없는 사람이다. 교사직이 주는 혜택이 좋아 교사가 된 것이지 교육의 기쁨이나 스승으로서의 내면적 동기로 교사가 된 것이 아니다. 그에게 교사는 '직(職)'일 뿐 '업(業)'은 아니다. 직과 업이 합해져서 직업이라고 부르는데 교사가 직이라면 업은 가르치는 사람, 스승, 안내자다. 업의 사람이라면 교육자로서 갖춰야할 기본 자질을 갖고 있어야 한다. 그런데 교사직만 있는 사람들은 교사직이 생계를 위한 수단에 불과하다. 그래서 맡겨진 학생들 중에 문제아만 없으면 된다. 아이가 문제를 일으키면 교사는 부모에게 전화를 해서 "당신의 아이 때문에 반 전체가 힘드니 정신과 치료를 받든지 상담을 받든지 하라."는 식이거나 "다른 학교로 전학 갔으면 좋겠다."고 한다. 재수 없게 이상한 아이가 걸렸다는 표현이다. 이런 몇몇 교사가 대부분의 사명감 넘치는 교사까지 욕먹게 한다.

그러니 아이가 그런 교사에게서 도대체 뭘 배울 수 있다는 말일까? 오히려 멀쩡하던 아이가 학교 교사에 의해 심각한 정신질환을 가진 존재로 낙인찍힌다면 얼마나 안타까운 일일까? 상담가의 눈으로 확인해 보면 지극히 정상인 아이들이 수준 미달의 교사에겐 '비정상'으로 비치고 그렇게 낙인찍힌 아이들은 상처를 안은 채 학교생활을 해야 한다. 교사에 의해 재목으로 자라야 할 아이들이 도리어 땔감으로 전락하고 있으니 그저 안타까울 따름이다.

사육장이 된 학교의 된서리

국어사전(daum)에 사육은 '① 짐승을 먹여 기름 ② 먹여 기르다'이다. 영어로는 ① breeding ② raising ③ factory farming ④ rearing ⑤ domestication 와 같은 단어를 쓴다. 특별히 factory farming이라는 말에 눈길이 간다. 특

수한 목적에 의해 집단적으로 길러진다는 말이다. 군대가 그런 전형적인 기관이다. 그런데 요즘은 학교도 마찬가지다. 학교에서 급식까지 제공되고 고등학교 중에는 저녁 급식까지 하루 두 끼를 해결해 주기도 한다. 머무는 시간이 가장 많은데 먹을거리까지 제공되니 영락없이 사육장이다. 부모 입장에선 아이들 위치까지 확인되니 학교만한 곳이 없다. 더구나 학교 교육을 잘 받으면 생존이 보장되지 않는가? 그러니 학교에 대한 한국 부모들의 믿음은 종교보다 더 크다.

사육의 개념은 사육자의 요구대로 키운다는 말이다. 개인의 선택은 배제되어 있다. 주면 주는 대로 먹고 자라면 자야 한다. 학교에서 주는 급식을 먹고 가르치는 대로 배우고 생각하고 판단하는 사람은 사육된 존재다. 사육장의 기본 구조가 똑같기 때문에 사육당한 아이들은 생각하는 것, 일 처리 하는 것, 자기만 생각하는 이기적 특성, 깊은 사고와 통찰을 하려고 하지 않는 것, 무기력에 빠진 존재가 되는 것에서 똑같다. 학교가 사육장이 되면서 교사도 사육사로 전락되고 말았다. 그러나 사육사에겐 안전 보장이 기본 원칙인데 이 사육장은 아무런 안전장치도 없다. 일선 학교의 교권 침해 수준은 심각하다. 학생들에게 물려 상처 입는 교사가 한둘이 아니다. 교사로서의 권위와 존중도 사라진 지 오래고 학생들의 눈치를 봐야 하고 시중까지 들어야 한다. 내 지인 중에는 중고등학교 교사나 초등학교 교장도 있는데 늘 목구멍까지 올라오는 말이 "더러워서 못 해 먹겠다."며 볼멘소리를 한다.

왕이 된 자녀 싸가지 코칭

《다 큰 자녀 싸가지 코칭》을 읽고 자녀문제로 코칭을 요청하는 부모들은 학력이 높고 경제적 수준도 있었고 기본 교양도 있었다. 역기능 가정의 특징인 학대나 방임 같은 일은 없었다. 그럼에도 불구하고 이들에게서 성장한 자녀들이 싸가지 없는 행동을 하는 것에 대한 이유가 궁금했다. 그래서 부모 세대가 받았던 교육의 패러다임이 무엇이었는가를 찾아보았다. 교육이란 인류가 탄생되면서부터 있었던 것인데 '근대화된 학교'의 기원은 무엇일까 탐구했다. 그러다 이지성의 《생각하는 인문학》(차이, 2015)에서 그 답을 얻었다. 얼마나 반가웠는지 모른다. 아주 속 시원하게 설명해 주고 있었다. 그가 말하는 내용은 다음과 같다.

1890년대 초반 유럽의 프러시아에서 기존에 없던 형태의 교육제도가 만들어졌다. 이 교육제도는 스스로 생각할 줄 모르는 바보를 만드는 것을 목적으로 한다. 보다 구체적으로 말하자면 정부와 군대의 기업의 명령에 그 어떤 의문도 품지 않고 자발적으로 복종하는 국민을 길러내고자 하였다. 유럽의 약소국이었던 프러시아는 그렇게 대량생산된 새로운 국민들을 군대, 기업, 공장 등에 대거 투입했고 짧은 시간에 독일 제국으로 성장할 수 있었다. 프러시아가 만든 새로운 교육제도에 강렬한 인상을 받은 사람들이 있었다. 19세기의 미국 지배계급이었다. 본래 미국의 교육은 스스로 생각하는 인간을 길러내는 것을 목적으로 하는 인문학 교육이었다. 그런데 미국의 지배계급은 이 교육을 자신들의 자녀만 받기를 원했다. 그래야 자신들의 부와 권력을 영원히 대물림할 수 있다고 생각했기 때문이다. 대신 백인 중하류층, 흑인, 히스패닉 이민자, 아시아 이민자의 자녀들은 프러시아식 교육을 받기 원했다. 그래야 자신들의 자녀가 이들을 쉽게 지배할 수 있다고 생각했기 때문이다. 이때부터 미국의 교육은 상류층이 받는 사립학교 교육과 중하류층이 받는 공립학교 교육으로 나뉘어졌다. 그리고 미군정에 의해 미국의 공립학교 교육이 해방된 우리나라에 이식되었다.

좀 강하게 이야기하면 제도화된 교육이 시행되는 학교는 처음부터 사육장이었다. 교육다운 교육, 생각하는 교육이 아니라 '기능하는 인간', '말 잘 듣는 인간'을 만들어내면 되는 곳이었다. 근대화된 학교의 세 가지 교과는 국어, 영어, 수학이다. 국민이 문맹이면 말귀를 못 알아들으니 모국어를 가르쳐야 했기에 국어를, 나라가 부강해지려면 외국과 무역을 해야 하니 외국어(영어)를, 전쟁할 때 가장 필요한 학문은 수학이라 이것을 중심으로 가르쳤다. 한국에서는 이 세 과목을 잘하면 명문대 입학을 보장받고 취직으로 이어져 안정과 안락을 확보한다. 실제로 부모 세대는 국·영·수 중심의 학교 교육을 통해 절대 가난을 해결했고 풍족한 삶을 얻은 경험자다. 한국이 지금 이 정도의 풍요를 누리는 데 있어 가장 큰 공신은 단연코 학교다. 그러니 부모들이 열광하지 않을 이유가 없다. 실제로 이 교육을 제

왕이 된 자녀 싸가지 코칭

대로 받지 않으면 먹고 사는 데 엄청난 지장을 초래한다. 그렇기 때문에 반드시 공부는 해야 하고 남들에게 뒤처지지 않아야 한다. 단, 이 교육만 받은 대부분 사람은 생각하는 것도 똑같고 일처리 방식도 똑같고, 이기적이며 단순하고 획일화된다.

된서리 맞은 호기심과 창의성

보통 학령기 이전의 자녀를 둔 부모 중에는 하루 종일 따라다니면서 이것저것 묻는 아이 때문에 힘들다고 푸념을 하는 분들이 있다. 아이가 그렇다면 정말 기뻐하라. 원래 아이는 궁금증이 많다. 그래서 학교 가기 이전이라도 부모는 자기가 알고 있는 모든 지식을 동원해서 설명을 하라. 이를 테면 별에 관한 질문을 해 오면 우주의 탄생, 빅뱅 이론을 비롯해서 지구과학, 물리, 화학, 생물 등 모든 지식을 총동원해 지구도 별 중의 하나라는 설명까지 해 주어라. 비록 논리나 이성으로 알아듣지 못해도 그렇게 설명하는 부모의 태도와 분위기를 통해서 아이들은 호기심을 더 발전시킬 수 있다. 호기심은 인생을 사는 동안 가장 큰 행복을 안겨주는 보물 상자다. 반면, 호기심을 잃은 사람은 인생의 전부를 잃었다고 해도 과언 아니다.

우리나라 부모들의 교육열은 단연 세계 최고다. 유대인들도 한국인 부모에 비할 바 못 된다. 우리 부모 세대가 가장 잘 했던 것이 당신들의 몸이 부셔져도 자식들만큼은 학교에 보내서 공부를 시켰다는 것이다. 그 덕분에 지긋지긋한 가난에서 벗어날 수 있었다. 5천

년 역사에서 밥 문제를 해결 못했던 조선시대를 지나고 일제치하에서 수탈을 당하고 6·25전쟁으로 초토화되어 세계 최고 빈곤국이 되었던 나라가 한강의 기적을 일으킬 수 있었던 힘은 오로지 학교 교육에 있다. 덕분에 한국은 전 세계에서 문맹률이 가장 낮은 나라요 대학을 졸업한 국민의 비율이 가장 높은 나라이기도 하다. 지금도 부모들은 자녀 교육에 관한 것이라면 그 어떤 희생이라도 치를 각오가 되어 있다.

학교교육은 연역법을 사용하는 주입식 교육이다. 이 교육의 가장 큰 장점은 짧은 시간에 큰 성과를 낸다는 점이다. 단번에 문맹을 깨칠 수도 있고 사회구성원으로서 알아야 할 기본지식을 습득하게 한다. 인지적 능력과 수리적 능력, 과학적 사고를 키워 합리적이고 논리적인 인간, 기능하는 인간으로 만들 수 있다. 이 교육의 주체는 교사요 교사는 가르치는 자다. 학생은 교사가 시키는 대로만 한다. 주입식 교육의 가장 큰 단점은 호기심과 창의성의 상실이다. 반대로 교육의 주체가 학생인 귀납법 교육은 호기심과 주도성을 바탕으로 전개된다. 이때의 교사는 촉진자요 안내자다. 호기심과 주도성이 있는 아이, 어떤 일에 인생 전체를 걸 만한 관심과 열정이 있고 그것을 위해서 주도적으로 행동하는 자녀를 둔 부모는 가장 큰 복을 받은 사람들이다. EBS 〈거꾸로 가는 교실〉 프로그램에서 학생 중심 교수법을 소개했는데, 사실 거꾸로 가는 교실이 아니라 이것이 제대로 가는 교실이다.

제도화된 교육, 주입식 교육은 호기심과 주도성을 뺏어가기 때문에 일단 재미가 없다. 게다가 듣고 외우고 시험치고 까먹는 네 단계의 공부방식이라 맨날 재미없는 내용을 암기만 해야 하니 공부란 말만 들어도 이가 갈린다. 또한 암기력을 통해 산출된 성적으로 자신의 전체를 평가받는 일을 몇 번 겪고 나면 학교는 더더욱 혐오스러운 곳이 된다. 고등학교 졸업하는 날 교복을 찢고 밀가루를 뿌려대고 교과서를 불태워버리는 나라가 또 어디에 있을까? 얼마나 지겨웠으면 그랬을까? 그래서 초등학교 5학년이 썼다는 글을 보면 이렇다. "학교라는 교도소에서 교실이란 감옥에 갇혀 교복이란 죄수복을 입고 실내화란 죄수 신발을 신고 공부란 벌을 받고 졸업이란 석방을 기다린다."

OECD 국가 중 대한민국이 행복도는 꼴찌이면서 이혼율 1위에 자살률 1위이다. 자살한 사람 중에 10대가 절반이라는 말은 이 나라의 학생들이 행복하지 않다는 증거다. 한 나무에 달린 이파리들도 똑같이 생긴 것은 하나도 없고 나름의 개성을 갖고 있다. 하물며 인간은 더더욱 각기 다른 개성의 소유자로서 자신만의 색깔로 살아가야 행복하다. 그런데 제도화, 규격화된 교육 현장인 학교에서 강압에 의해 개성과 자유를 말살당한 채 부모의 욕망만을 강요당하고 속박당한 아이들이 어떻게 행복할 수 있을까? 어릴 때부터 죄목도 모른 채 죄수가 되어 살아온 시간이 너무 힘겨웠고 앞으로의 삶도 그럴 거라는 절망감이 엄습할 때 삶에 대한 희망이 완전히 사라질 것이다.

자기 일도
선택 못하는 아이들

학교에서 요구하는 준비물을 챙겨가지 못하는 자녀들, 우산과 옷, 신발과 학용품 등 자기 물건을 제대로 챙기지 못하고 잃어버리고 오는 자녀들, 뭔가를 선택해야 하는 일에 주저하는 자녀들이 너무 많다. 심지어 성인이 되어 입사까지 했는데 도대체 뭘 해야 할지를 몰라 곤혹을 겪거나 상사나 동료들로부터 욕을 먹기도 한다. 도대체 왜 그럴까?

왕이 된 자녀 싸가지 코칭

> **사례) 아이의 선택권이 우선인 요즘 가정**
>
> 몇 해 전 1박 2일 강연 일정으로 간 G시에서였다. 숙박을 하고 간편한 아침식사를 하려고 죽전문점을 찾았다. 한창 식사를 하고 있는데 삼십대 부부가 네 살쯤 되는 딸아이를 데리고 들어왔다. 자리에 앉자마자 엄마가 아이에게 메뉴판을 내밀며 무엇을 먹을지 물었다. 아이가 다소 난감해 하는 표정을 짓자 엄마가 뭐라고 이야기를 해 주니 아이는 뭘 먹겠다고 했고, 아이의 주문을 완료한 다음 남편의 주문을 받았다. 이제 네 살 정도의 아이임에도 부모와 동등한 메뉴 선택권은 물론 아빠보다 우선권까지 제공받고 있었다.

서너 살 정도의 아이 메뉴는 부모가 일방적으로 결정해도 된다. 왜냐하면 선택은 판단능력이 있는 사람에게 주어지는 특권이기 때문이다. 아이는 죽에 대해 판단할 수 없으니 선택권이 없어도 되고 부모가 주는 대로 먹으면 된다. 그러나 과도한 아이 중심 교육에서는 그렇게 말하지 않는다. 그런 식으로 아주 어릴 때부터 선택권을 부여 받은 아이는 집에서 채널 선택권, 외식할 때 메뉴 선택권까지 다 확보한 상태다.

선택권은 개인의 권리 존중이지만 동시에 선택의 기로에 서게 만들어 불편함을 안겨줄 수도 있다. 과도한 아이 중심 교육에서는 그냥 부모가 일방적으로 결정해도 될 것을 자녀에게 일일이 다 묻는다. 그러다 보니 불필요한 것들까지도 묻는다. 그런데 아이러니하게도 어릴 때부터 많은 선택의 기회를 부여받았던 사람일수록 자신의 것을 선택하지 못하는 '결정장애'에 걸린다. 오히려 어릴 때 부모의 일방적 결정에 의해 되는 것과 안 되는 것의 구분이 명확했던 가정의 자녀들일수록 성장했을 때 결정하는 부분에서 훨씬 더 객관적이고 빠른 선택을 한다. 사실, 지금 청춘들이 7포세대가 된 이유 중에는 어릴 때부터 너무 많은 선택의 기회를 부여 받은 역효과도 적지 않다. 그래서 정작 해야 할 선택을 하지 못하고 머뭇거리다 기회를 놓쳐 지레 포기하거나 엉뚱한 방향으로 가는 일이 발생한다.

2만 불의 저주에 따른 결정장애

최근에 심리학자들이 '2만 불의 저주'라는 말을 만들었다. GDP가 2만 불을 넘긴 나라 사람들에게서 나타나는 공허감, 삶의 불만족, 결정장애, 우울증, 공황장애 등 정신병리 현상의 급증을 설명하는 말이다. GDP가 2만 불이 되기까지는 돈, 직업, 집, 학력, 인맥, 자동차와 같은 외부의 조건들이 행복의 소재다. 그런데 2만 불을 넘기고 나면 그것들이 더 이상 행복에 영향을 미치지 않을 뿐 아니라 '상대적 박탈감'이란 복병에 된통 당해 행복지수가 떨어진다. GDP 2만 불의 상징으로 대변되는 것이 패밀리 레스토랑이다. 우리 가족은 한 달에 한 번 패밀리 레스토랑을 가는데 옆집은 일주일에 한 번 간다면 그로 인해 불행을 느낀다. 또 우리 집이 가는 패밀리 레스토랑 브랜드보다 옆집이 가는 패밀리 레

왕이 된 자녀 싸가지 코칭

스토랑의 브랜드가 훨씬 더 비싸고 좋을 때 내가 가는 패밀리 레스토랑의 만족도가 급격히 떨어진다. 빈민국 사람들의 버킷 리스트에 들어 있는 소망이 일상이 되었음에도 만족도는 그다지 높지 않다.

GDP 2만 불 이상일 때 태어난 자녀들은 결핍, 배고픔이란 개념을 모른다. 태어날 때부터 자가용이 있었고 태어날 때부터 내 방이 있었고 태어날 때부터 배부르게 먹었고 태어날 때부터 휴대폰이 쥐어져 있었다. 그들의 부모는 고학력에 경제적 능력을 갖춘 이들이었다. 그럼에도 자녀들은 지금 누리고 있는 풍족함이 얼마나 큰지 전혀 못 느끼고 산다. 마치 물고기가 물속에 살면서 물을 못 느끼듯 풍요로움 속에서만 살았던 아이들은 풍요가 풍요인줄을 모른다. 도리어 상대적 박탈감에 눌려 심리적 가난함을 느끼는 불쌍한 존재가 되고 말았다. 물속에 사는 물고기가 목말라 죽었다는 이야기가 요즘 사람들 이야기다.

나는 패밀리 레스토랑에 가면 직원이 무릎을 꿇고 눈높이를 맞춘 자세에서 스테이크는 얼마나 익힐 것이냐, 사이드 메뉴는 무엇으로 할 것이냐, 음료는 무엇을 할 것이냐를 비롯해서 너무 많은 선택을 하세 하는 것이 못내 불편히. 패스트푸드 음시점에서두 마찬가지다. 고객의 개인 취향을 존중해 주겠다며 친절하게 물어오는 것들이지만 때론 그 결정하는 일이 너무 버겁고 짜증이 날 때도 많다. 때로는 단품이나 서너 가지 메뉴만 취급하는 식당이 더 편하다. 자리에 앉자마자 음식이 차려지는 기사식당 같은 곳은 그 빠른 속도에 감탄한다. 그런 곳은 손님의 선택권은 전혀 없고 식당에서 정해놓은 요일별, 계절별 메뉴대로 먹어야 한다. 그런데도 오히려 거기에 매력을 느껴 자주 가는 사람도 많다. 그 식당의 음식 솜씨를 믿는다는 전제 하에 궁금증을 유발하는 게 더 좋고 집밥처럼 기대감이 있어 좋다는 게 그 이유다.

마마보이는 결정장애자

어릴 때부터 엄마가 시키는 대로 잘 자라준 아이가 있었다. 초등학교 들어가기 전부터 각종 학원을 다녔고 초등학교 들어가서는 더 많은 학원을 전전했다. 중고등학생일 때도 이렇다 할 반항을 하지 않았다. 그저 엄마가 시키는 대로만 하면 다 되었다. 아이도 편했다. 엄마 덕분에 명문대학도 들어갈 수 있었고 대학을 졸업하면서 바로 취업에도 성공해 대기업에 들어갔다.

통신관련 기업이라 사원 연수 중 전봇대에 올랐다가 내려오는 체험이 있었다. 사무직으로 근무하더라도 최소한 현장직 사람들이 어떤 일을 하는지도 알고 그 느낌을 알아야 하기 때문에 넣은 연수과정이었다. 그의 순서가 되었을 때 그는 자기 엄마에게 전화를 걸었다. "엄마! 지금 신입사원 연수중인데, 전봇대에 올라가는 게 있어. 이거 올라가야 해 말아야 해?" 들려온 대답은 "명문대학을 나온 너 같은 인재가 그런 허드렛일 하라고 대기업 간 것은 아니다. 올라가지 마라. 그리고 사직서 쓰고 나와라."였다. 그는 결국 사직서를 제출했다. 스스로 사직서를 내지 않았어도 어쩌면 연수 후 회사 측에서 최종 합격을 취소했을 지도 모른다. 이 친구는 단 한 번도 자기

일을 결정해 본 적이 없다. 나중에 연애할 때도 엄마에게 물어볼 텐데 어느 여자가 그런 남자를 남편으로 믿고 인생을 맡길 수 있을까?

결정장애자는 생존의 기본 기능을 획득하지 못했다는 의미다. 내가 즐겨보는 KBS 〈동물의 왕국〉에서 집에서 애완용으로 기르던 스라소니를 야생으로 돌려보내는 러시아 사람들의 이야기, 애완동물로 기르는 침팬지를 야생으로 돌려보내는 프로젝트를 시행하는 동남아 사람들의 이야기를 방송했다. 야생에서 살았어야 할 스라소니와 침팬지가 새끼 때부터 사람의 집에서 길러져 털 하나 없는 고기를 먹고 다듬어진 과일을 먹었다. 그 상태에서 바로 야생으로 보내면 굶어 죽는다. 자기를 보호할 줄도 모르고 먹이를 구할 줄 모르기 때문이다. 그래서 단계별 적응훈련을 실시한다. 처음에는 집보다 조금 넓은 곳에서 생활하게 하고 일정시간이 지나면 또 다른 곳으로, 최종엔 거의 야생과 동일한 곳에서 적응훈련을 시킨 후 야생으로 보낸다. 야생으로 갈 수 있다는 판단은 자기 보호와 먹이 문제 해결 능력이다. 즉 주인이 삶의 선택자가 아니라 스스로가 자기 삶의 주체가 되었는지의 여부다. 따라서 마마보이는 엄마의 애완동물이다. 그런 식으로 평생 자식을 품에 안고 살아가는 사람도 더러 있기는 하다. 그 사람은 정말 자식을 위한 일이 무엇인지 생각이나 해 보았을까?

녀(여)전히
왕으로 남고 싶은 아이들

과도한 아이 중심 교육은 아이로 하여금 의무는 배제하고 권리만 주장하게 만들었다. 그 때문에 한국엔 집집마다 왕의 특권만 누리려는 자녀들로 가득하다. 이들은 부모 말이라면 반사적으로 화를 내며 거역한다. 부모 말을 안 듣기 위해 태어난 사람 같다. 왕의 특권은 국태민안(國泰民安)이란 의무를 이행할 때 주어진다는 개념을 모른다.

왕이 된 자녀 싸가지 코칭

지방에 살고 있어 상담소까지 올 여건이 안 되는 엄마가 메일로 하소연을 해 왔기에 거기에 답변을 해 준 내용이다.

사례) 벌써 감당 안 되는 초등학교 5학년 아들입니다.

아들이 5학년이 되어 덩치도 제법 커지고 이제 어른이 되어 가나 봅니다. 물론 저의 잘못된 가르침과 방법 제시에 문제가 있겠지만, 본인의 자기주도 학습은커녕 준비물과 숙제도 전혀 나 몰라라 합니다. 거기에 대해서 훈육하고 매를 들기도 수차례… 이제는 그 당시만 피하려고 하고 뭐든 대충대충 … 공부에 대한 관심과 욕심은 전혀 볼 수가 없네요.

첫째이기 때문에 거는 기대도 많은데, 우선 숙제, 일기랑 독서록만 충실히 하자고 했는데도, 전혀 남의 일이네요. 육아책도 많이 읽어보고, 아이들의 말을 믿고 수용해 주라고 해서 그렇게 해보았는데 되레 이것을 이용하니… 열 받고, 배신감에… 제가 넘 힘들어지네요. 동생한테도 무조건 시비 걸고 건드리니 둘째도 스트레스, 저는 큰아이를 혼내고 이것이 반복의 일상입니다. 큰소리가 마를 날이 없네요. 어떻게 해야 하나요?

온라인 답변 글)

1. "자녀 양육이 참 어렵네요."라고 글을 주셨네요. 맞습니다. 자녀 양육 어렵답니다. 다만, 여기서 용어를 정확하게 짚고 넘어갔으면 합니다. 초등학교 5학년 아이는 양육 대상이 아니라 교육

대상입니다. 부모가 직접 자식을 가르쳐야 할 시기라는 뜻입니다. 더구나 지금 아이의 문제는 기본적인 생활에 관한 부분입니다. 자기주도학습을 하지 않거나 준비물 챙기기와 같은 것을 하지 않는 것은 기본적인 생활태도의 문제입니다. 이 부분은 학교에서 다룰 수 있는 부분이 아니라 반드시 집에서 가르쳐야 합니다.

2. 주신 정보에서 훈육하고 매 들기도 수차례라고 하셨는데, 그 방식이 어떠했는지가 궁금합니다. 충분한 설명이 있은 후에 매를 들었는지 아니면 참다가 더 이상 참지 못할 때 감정적인 폭발로 매를 들게 되는지요? 훈육에 대한 정보가 아직은 부족해서 단정 지을 수는 없지만 부모의 기준과 원칙이 분명히 서 있는 상황에서라면 엄하게 훈육하셔도 됩니다. 그러나 감정적인 부분으로 대한다면 그 부분은 삼가야 합니다.

3. 공부에 대한 관심과 욕심이 없는 것은 공부를 왜 하는가에 따른 생각이 정립이 안 되어서입니다. 이 부분에 대한 것은 아이와 평소에 대화가 많이 있어야겠지요. 그저 막연히 공부하고 막연히 무언가를 해야 하는 것은 지금 아이의 수준에선 강압에 불과합니다. 공부를 해야 할 이유에 대해서 충분히 설명하십시오.

4. 각종 육아서의 "아이들의 말을 수용해 주라."는 '감정의 수용'을 뜻하는 것이지 '행동의 수용'이 아닙니다. 감정은 언제 어느 때라도 수용하되 행동에 대한 것은 기준과 원칙이 있어야 합니다. 가령, 아이가 화를 내면서 물건을 집어던졌다고 할 때 분노의 감정은 받아주시되 분노 표출 방법은 잘못되었다고 확실히 짚으셔

야 합니다. 차후에 그런 행동을 할 때는 거기에 대한 대가를 지불
한다는 것도 미리 주지시켜야 합니다.

5. 좀 더 상세한 상담과 코칭은 전문기관을 찾아가셔서 도움 받는
것이 좋습니다. 단, 외부에서 도움을 받되 부모가 아이의 양육과
교육을 책임진다는 생각은 확고하게 가지십시오. 그래야 외부의
도움을 받더라도 실제 부딪치는 집에서의 행동을 수정할 수 있기
때문입니다. 부모로서 자신감을 가지십시오.

부모도 힘없으면 당한다.

사례) 부모를 용서 못하겠다는 자녀

K군은 늘 부모를 원망하며 살고 있다. 학교 다닐 때 왕따를 당하
고 힘들었는데 그때 적절한 조치를 취해주지 않았다는 이야기부
터 시작해서 자기가 지금 이렇게 살고 있는 것은 다 부모 탓이라
고 말한다. 문제는 지금 부모가 자기들이 무슨 잘못을 했는지 모
른다는 점이다. 부모가 자기 앞에 무릎을 꿇고 빌면 용서해 줄 용
의도 있는데 부모는 그런 모습을 보이지 않는다. 한 번은 거실에
있던 골프채를 가지고 TV를 박살낸 적도 있었고 아버지를 때린
적도 있었다. 늘 부모를 죽이는 상상을 한다.

1990년도 이전 '결핍'의 심리학에서는 부모도 잘못을 했으면 아
이에게 용서를 빌어야 한다고 했다. 아이의 상처를 치료해 주기 위

해서라면 무릎을 꿇기라도 하라는 것이다. 부모가 자식을 위하는 마음에 또 자신의 잘못을 뉘우치는 과정에서 스스로 그렇게 하는 경우라면 모르겠지만 상담자나 치료자가 강요한다거나 자식이 요구한다는 건 말이 안 된다. 부모가 자식을 용서한다는 말은 성립이 되지만 자식이 부모를 용서한다는 말의 뉘앙스는 자연스럽지 않다. 용서라는 말의 뉘앙스는 다분히 수직적 개념을 담고 있고 심판권을 갖고 있다는 전제가 있기 때문이다. 예를 들어 왕정 시대의 왕은 죄인을 그 자리에서 죽이라 명할 수도 있고 용서해주라고 명할 수 있었다. 하긴, 왕이 된 자식이니 부모를 심판하든 용서하든 용서권의 주체이긴 하다.

상담에서 말하는 문제 부모들은 '흠' 있는 부모들이다. 그래서인지 요즘 부모들은 '흠' 없는 부모가 되려고 무던히도 애를 쓴다. 그러다 어느새 '힘' 없는 부모가 되고 말았다. 차라리 흠 있고 힘 있는 부모가 흠 없고 힘 없는 부모 보다 훨씬 낫다. 또 요즘 부모들은 그렇게 흠 있는 부모들이 아니다. 그런데도 아이들은 부모에게 무례하다. 아이들도 문제겠지만 부모가 스스로 권위를 지키지 않은 것도 문제다. 부모가 힘이 없으면 아이들은 부모를 자기 마음대로 좌지우지한다. 부모 중 자기에게 유리한 쪽이 누구인지를 알아 자기 목적에 맞는 대상으로 만들어 버린다. 약한 부모는 다루기 쉬운 대상이다. 강압적으로 윽박지르거나 폭력이나 폭언을 쓰면 통한다. 아니면 불쌍 모드로 바꿔 울거나 심각한 우울증에 걸렸다거나, 위협 모드로 바꿔 자해나 자살 충동을 느낀다는 등 자신을 해코지 하는 방법을 선택하면 결국엔 말을 듣게 되어 있다. 자녀들은 부모를 다루는 법을 기가 막히게 알고 있고 그렇게 형성된 패턴은 계속 이어진다. 그래서 부모가 어지간히 큰마음을 먹지 않으면 독립운동은 불가능하다.

힘이 없는 부모는 빨리 상처를 봉합하려는 시도를 한다. 그래서 전학을 하거나 대안학교를 보내거나 상담소를 가거나 신경정신과를 데리고 가기에 급급하다. 아이가 겪고 있는 문제를 잠시 받아줄 수용공간이 전혀 없기 때문이다. 부모가 약한 대상일 때 아이는 심리적 고아가 된다. 믿고 의지할 대상이 없다는 뜻이다. 그러니 아이가 문제를 일으키면 겁먹거나 놀라서 빨리 해결하려는 시도보다 아이가 왜 저렇게 행동하고 있는지 그 마음부터 탐색하는 것이 절대적으로 필요하다. 아이 문제의 해결사는 부모 당사자임을 알고 마음을 다잡아야 한다.

아동권리헌장은 있는데
왜 아동의무헌장은 없나?

요즘 어느 초등학교에선 아이들이 원하는 것으로만 급식 메뉴를 준비해 준다고 한다. 먹지 않는 아이들이 늘어나서라고 한다. 그건 바람직한 일이 아니다. 아이들은 자기가 원하는 메뉴가 아닌 것을 먹는 것도 배워야 한다. 그래서 학교 급식을 통해 외려 편식을 고칠 수 있어야 교육이다. 교육의 주체인 학교가 교육의 객체인 아이들에게 휘둘린다면 이미 교육이 아니다.

이렇듯 한국은 아이에 대한 혜택과 존중이 과도하다. 한국뿐 아니라 세계 모든 나라가 그렇게 하고 있다. 이로 인해 학교에서도 아이들은 왕이 되었고 교사는 신하 내지 무수리로 전락했다.

U시 교육지원청에서 강의를 의뢰해 왔다. 하루는 중학생 학부모들을 대상으로, 다음날은 고등학생 학부모들을 위한 특강을 해 달라고 했다. 그 행사는 '아동학대 방지 및 아동권리보호'에 대한 교육이었다. 아동학대는 반드시 사라져야 한다. 물리적 폭력이나 정신적 폭력, 학대와 방임 등으로 아이들이 마땅히 받아야 할 인간으로서의 기본적인 권리를 박탈해서는 안 된다. 그 부분은 전적으로 동의한다. 그런데 부모들이 쉽게 범하는 오류인 '사랑이란 이름의 학대'에 대해선 누구도 이야기 하지 않는다. 사랑이란 이름의 학대는 결핍이나 물리적 학대보다 더 무섭다. 결핍이나 학대는 트라우마를 남기지만 그것이 독기와 오기로 전환되면 질경이처럼 끈질긴 생명력을 갖게 만들기도 한다. 그러나 사랑이란 이름의 학대는 살만 있고 뼈가 없는 연체동물을 만들어 아무짝에도 쓸모없는 인간을 만든다. 1990년 이전의 과도한 자존감 중심 심리학은 부모로 하여금 자기 아이들을 심리적 연체동물로 만들게 했다.

내가 특강하기 전 '아동권리헌장' 낭송이 있었다. 아이들이 한 인격체로서 존중받고 대접받기까지 많은 사람의 수고와 헌신이 있었다는 점은 충분히 인정한다. 아이도 한 인격으로 대접받아야 된다. 지극히 당연한 말이다. 그런데 도대체 어느 선까지 아동이라고 해야 하는가? 강의를 시작하면서 담당자에게 "아동권리헌장에서 말하는 아동은 몇 살까지를 지칭합니까?"라고 물었다. 그랬더니 "만 19세 이전까지를 아동이라고 합니다."라고 답했다. 그러니까 법적으로 성인이 되기 이전까지의 자녀는 다 아동이라는 것이다. 그 말을 듣고 내가 되물었다. "아 그렇군요. 그런데 무슨 놈의 아동이 야동을 보고, 무슨 놈의 아동이 성관계를 하고, 무슨 놈의 아동이 임신과 낙태를 하고, 무슨 놈의 아동이 술, 담배를 하고, 무슨 놈의 아동이 부모를 팬다는 말입니까?"라고 되물었다. 그러자 담당자의 얼굴이 빨개졌다. 그리고 한 마디 덧붙였다. "아동권리헌장은 있는데 왜 아동의무헌장은 없습니까?" 내가 그렇게까지 말했던 것은 이틀에 걸쳐 강의할 주제가 "내 자식의 성공과 행복을 바란다면 어릴 때부터 집안일을 시켜라."였기 때문이었다.

대개 교육지원청에 와서 강의를 듣는 학부모들은 수준이 아주 높다. 웬만한 연수과정에는 다 참석했던 분들이라 강의를 하라고 해도 한두 시간 정도는 거뜬히 말할 수 있는 사람들이다. 그런 사람들이 내 강의를 듣고 나선 충격을 받는다. 기존에 들었던 강의 내용과 사뭇 달라서이기도 하고 속이 시원해서이기도 하다. 1990년대 이전의 과도한 아이 중심 심리학을 늘었던 사람들이 나를 통해 부모 중심의 심리학을 듣게 되니 내내 무릎을 칠 수 밖에 없기 때문이다. 그리고 내가 말하는 아이의 특성이 지금 집에서 보는 자녀들의 특성과 똑같기 때문이며 그 원인과 대안을 가장 정확하게 설명해 주고 있기 때문이다.

　　　　　요즘 자녀 문제는 두려움과 게으름, 의무는 이행하지 않고 권리만 찾으려고 하는 태도를 가진 인간으로 키워졌다는 데 있다. 아이들은 너나 할 것 없이 권리만 찾으려 하고 의무를 이행하지 않는다. 의무에 관한 부분을 죽기보다 싫어한다. 어릴 때부터 집에서 무엇을 해 본 적이 없기 때문이다. 아이가 마땅히 해야 할 의무를 부모가 대신 다 해 주면 아이는 자기에게 주어진 기본 의무를 이행해야 한다는 당위성 같은 것도 모르고 책임감도 없다. 누군가 그런 부분을 거론하면 황당해 하거나 분노를 표출한다. 1990년대를 넘어 2000년 이후 태어난 자녀들은 어릴 때부터 자기 방을 가진 아이들이다. 자기 방은 특별한 권리이며 당연히 거기에 따른 의무가 있다. 아이가 자기 방에서 생활한다는 특권은 자기 방 정리 정돈은 기본적으로 해야 한다는 의무가 깔려 있다. 그래서 방 정리를 잘 하면 그 권리를 계속 누릴 수 있지만 그렇지 않으면 그 권리를 계속 누릴 자격이 없다. 방을 없애든지 거기에 따른 처벌이 주어져야 한다.

　사실, 한때 나는 초중고 학교에서 요청하는 부모교육은 거절했던 적이 있었다. 강사료가 시간 대비 효용적이지 않았기 때문이다. 그러다 요즘 부모는 몰라도 너무 모르는데다, 구닥다리 심리학의 노예가 되어 불안과 두려움의 늪에서 허우적대고 있기에 그들을 구해 주어야 한다는 사명감이 생겨 열심히 달려간다. 부모독립만세! 를 외치는 부모가 한 명이라도 늘어나기를 바라니까. 그렇게 학교에 강의를 가다 보니 요즘 학교의 상황이 어떤지 좀 더 상세하게 볼 수 있었다.

I시에 있는 어느 중학교에 강의를 갔었다. 그런데 지금까지 다녀 본 학교 가운데 가장 더러웠다. 보통 학교는 화단이 잘 정돈되어 있고 교사(校舍)도 깨끗하고 복도와 교실도 깨끗한데 이 학교는 운동장부터 더러웠고 복도엔 모래가 자박 자박 밟혔다. 강의 장소인 강당은 환기를 한 적이 없는지 곰팡이 냄새가 진동을 했다. 강당 역시 바닥을 쓸었다는 흔적은 없고, 벽에 신발자국이 그대로 찍혀 있고 유리창은 또 얼마나 지저분한지 햇빛이 투과되니 온갖 얼룩이 다 보여 더럽기 짝이 없었다. 학교 전체를 통틀어 청소를 했다는 흔적이라곤 없었다. 학교장에게 학교가 왜 이렇게 지저분한지, 요즘 학생들이 청소를 안 하는지 물었더니 요즘은 학생들이 청소를 안 하고 용역업체의 아줌마들이 청소를 한다는데, 많은 예산을 집행할 수 없어 인력이 모자라 학교가 지저분하다고 했다. 그 순간 '요즘 학교가 이렇게까지 엉망이구나.'하는 생각에 한숨이 나왔다. 물론, 일하는 아줌마 입장에선 일자리 창출이 되어 좋긴 하지만 자기들이 공부하는 공간을 스스로 청소하지 않고 외부인에게 맡긴다는 것 자체가 이미 교육이 아니다. 누가 그런 발상을 하고 그런 것을 정책으로 만들었는지 뒤통수를 후려치고 싶은 심정이다.

교육의 기본은 자기 몸을 정결하게 하고 주변을 정리 정돈하는 일이다. 수신제가치국평천하(修身齊家治國平天下)라고 하지 않았던가? 그래서 자기 주변 정리 즉 청소를 안 하는 사람은 교육을 받을 자격이 없다. 교육을 통해서 생존의 기술을 배우고 사람으로서 삶의 이유와 가치를 갖게 된다고 할 때 그 기본적 의무인 자기가 소속된 곳을 매일 가꾸고 다듬는 것은 지극히 당연한 일이다. 학습이란 말도 배울 학(學)자에 익힐 습(習)자로 되어 있는데, 일백 백(百), 날개 익(翼)자의 구성이다. 학습이란 말 자체가 일백 번 날개를 정리 정돈하는 작업이라는 뜻이고 자기관리라는 뜻이다. 하다못해 미물인 파리도 정리정돈을 한다. 파리는 늘 앞발을 비빈다. 그래야 묻은 음식물 찌꺼기를 털어내고 예민한 감각을 유지할 수 있기 때문이다. 돼지도 밥을 먹는 구유와 똥을 싸는 공간을 명확하게 구분한다. 하물며 사람이랴? 내 생각엔 청소조차 안 시키는 학교라면 이미 교육의 장소가 아니라 사육장에 불과하고 학생들은 죄다 왕이고 교사는 천한 것들에 불과하다.

내가 그런 생각을 하고 있는지를 아는지 모르는지 교장 선생님은 자기 학교 학생들이 착하다며 온갖 자랑을 늘어놓았다. 도대체 그분이 말하는 착하다는 개념이 무엇을 이야기하는지 도무지 알 수가 없었다. 그래도 교장이 나름의 교육철학을 가진 학교에 가면 학생들이 외부강사에게도 깍듯이 인사하고 학교도 깨끗하고 정리정돈이 잘 되어 있다. 교육은 교육을 시키는 주체에 따라 달라지는 법이다.

아이들은 어떻게 왕이 되었을까?

나는 2012년 《다 큰 자녀 싸가지 코

칭》을 써낸 계기로 한국에 소개된 자녀교육에 대해서 다시 공부를
한 후 지금 한국은 자녀가 폭군이 되었고 부모는 천한 것이 되어버
렸다고 결론지었다. 그런데 육아의 천국이라 불리는 스웨덴에서도
《아이들은 어떻게 권력을 잡았나》라는 책이 나왔다. 반가운 마음에
구입하자마자 연거푸 여러 번을 반복해서 읽었다. 싸가지 코칭 부
모 지원 그룹의 필독서로 지정하여 읽고 독서 나눔도 진행했었다.
지금도 나에게 싸가지 코칭을 의뢰하러 오는 부모에게는 필독서로
추천하고 있다.

이 책은 스웨덴의 정신과 의사인 다비드 에버하르드(David
Eberhard)의 책을 진선출판사가 2016년에 번역 발간했다. 이 책에서
는 자식들이 어떻게 권좌를 차지하게 되었는지를 정확하게 설명하
고 있다. 이전에 자녀 관련 이론들이 왜 '결핍'심리학인지, 그 이론
들이 절대 진리가 될 수 없는 이유에 대해서 명확하게 짚어주고 있
다. 저자는 1990년도 이전에 나왔던 교육학과 심리학 이론들을 현
대적 관점에서 재조명하고 있다. 그 심리학들은 과도한 아이 중심
교육이었고 이로 인해 아이들이 권력을 잡게 되었다고 말한다. 내
가 말하고 있는 아이들이 왕이 되고 부모는 천한 깃들이 되었다는
말과 똑같다. 인터넷 교보문고에서는 이 책에 대한 소개를 이렇게
하고 있다.

《아이들은 어떻게 권력을 잡았나》는 아이를 어떻게 교육해야
할지 근본적인 물음을 던지며, 자신 있는 부모로 되돌아가기 위해

무엇을 해야 할지 고민하게 하는 책이다. 저자 다비드 에버하르드는 스웨덴 부모의 지나친 아동 중심 육아가 버릇없는 아이들을 만들었으며, 부모가 가족 내에서 권력을 되찾아야 된다고 강조한다. 부모가 부모로서 권위를 행사하고 아이가 바른 길로 갈 수 있도록 적절히 훈육할 때 비로소 아이는 올바르게 자랄 수 있다. 이 책은 스스로를 믿고 자신 있게 행동하는 부모로 되돌아가기 위한 해답을 알려 줄 것이다.

들을 줄 몰라
성장을 멈춘 아이들

요즘 아이들은 과학적 사고의 패러
다임으로만 세상을 바라보느라 이기적인 존재가 되었고 손익을 따
지는 것에 아주 민감하다. 손해를 감수하거나 양보 같은 건 생각지
않는다. 학교 교육을 통한 지식 체계는 갖고 있지만 지혜라는 개념
은 잘 모른다. 사고의 지평을 넓히지 않고 지혜자가 될 수는 없다.
보통 사람이 하나를 생각할 때 지혜로운 사람은 여러 상황을 동시

에 생각하고 드러나지 않는 부분까지 볼 수 있는 혜안을 가지고 있다. 그래서 미래로 갈수록 더더욱 지혜자(현자)가 필요한데 이러한 사고력은 추상적 사고의 단계에서 가능하다.

지혜를 가지려면 잘 들어야 한다. 총명(聰明)하다는 말은 '총(聰)'과 '명(明)'의 조합이다. 총은 귀가 밝다는 뜻이고 명은 눈이 밝다는 뜻이다. 총은 말귀를 빨리 알아듣고 상황 파악이 빠르고 눈치의 달인이며 임기응변에 아주 능하다는 뜻이다. 우리가 흔히 "저 아이는 참 총기(聰氣)가 있어."라고 말할 때의 뉘앙스를 생각해 보면 된다. 그래서 교육의 기본은 듣는 것에 있다. 듣지 않으면 교육이 아니다. 잘 듣는 사람은 언제 어디서나 배울 준비가 되어 있다. 보는 교육은 똑똑하고 계산적이게는 만들지만 지혜롭고 통합적인 사고를 하는 데는 미치지 못한다.

듣는 사람은 겸손하다. 자녀도 부모의 아래에 있어야 부모 말을 듣고 순종한다. 그런데 너무 과한 존중, 어릴 때부터 왕처럼 받들어 모신 자녀는 부모보다 수직체계의 꼭대기에 있기 때문에 부모는 물론 누구 말도 듣지 않는다. 왕은 말하는 존재지 듣는 존재가 아니다. 물론, 이 말도 냉정히 따져 보면 틀린 말이다. 성군은 누구보다 경청의 달인들이었다. 신하의 충언과 백성들의 목소리에 귀를 기울였다. 그래서 들을 청(聽)자는 귀 이(耳) 변에 열 십(十), 눈 목(目), 한 일(一), 마음 심(心)으로 되어 있다. 임금이 백성의 목소리를 들을 때 열 개의 눈을 가지고 한마음으로 들어야 한다는 것을 지칭하는 말이다.

요즘 아이들이 부모 말을 듣지 않는 것, 부모 말이라면 귓등으로 듣는 것, 부모를 개무시하고 종처럼 대하는 것은 어릴 때부터 듣는 교육을 시키지 않아서다. 십계명에서 5계명이 "네 부모를 공경하라."인 이유가 바로 듣는 자녀를 만들라는 의미다. 1~4계명까지가 대신(對神)계명, 5~10계명까지는 대인(對人)계명이다. 대신과 대인의 중간다리 역할이 제5계명, "네 부모를 공경하라."이다. 즉 부모는 하나님을 대리하는 주체이니 부모를 공경하지 않는 사람이 하나님을 공경할 리 만무하고 부모를 사랑하지 않는 사람이 다른 사람을 사랑할 리 만무하다. 부모 공경의 첫 조건은 부모의 말을 잘 듣는 것이다. 요즘 한국의 아이들은 "네 부모를 공경하라."라는 계명을 "네 부모를 공격하라."로 바꾸어 부모를 마구 공격한다. 그래서 자식의 무차별 공격에 만신창이가 된 부모가 적지 않다.

듣지 않는 사람은 수직적 개념이 없고 수직적 개념이 없는 사람은 얕은 사람이 될 수밖에 없고 이들에게는 철학이나 종교라는 개념이 들어설 자리가 없다. 미국의 영성가이자 저술가, 강연자이며 영적 지도자인 데이비드 호킨스(David Hawkins) 박사는 그의 책《의식혁명》을 통해서 사람의 의식수준을 측정하는 수단으로 종교에 대한 태도를 거론했다. 종교를 갖고 안 갖고의 차원이 아니라 종교를 갖지 않더라도 종교에 대한 기본 경외심으로 존중을 하는 사람은 높은 수준의 사람이지만 종교를 경멸하는 사람은 가장 낮은 수준의 사람이라고 했다. 부모의 말을 듣지 않는 자녀에게 종교는 설 자리가 없다. 종교의 기본은 절대 복종과 절대 헌신의 수직적 차원이다. 그리고 신의 말씀에 귀를 기울이고 들어야 한다. 그렇다고 그것이

왕이 된 자녀 싸가지 코칭

굴종이나 불행을 말하는 것이 아니다. 신에 대한 절대적 복종과 헌신은 오히려 세상에서 얻지 못하는 내적인 풍요와 평안, 행복을 얻게 하는 역설의 원리가 적용된다. 그래서 종교는 순리, 합리, 논리와 과학의 차원을 넘어 역설의 세계다. 따라서 과학의 논점으로 종교를 해석하고 설명하려는 시도는 어리석기 짝이 없다.

부모 말을 듣는 자녀로 키우려면 어릴 때부터 부모에게 'Yes, But 화법'을 쓰게 해야 한다. 부모님이 말씀하시면 일단은 "Yes!"라고 즉시 대답부터 한 후에 자기 말을 하게 해야 한다. Yes가 빠지고 But만 얘기하면 부모의 권위가 사라진다. "지금 방 치워라."고 하면 "네(Yes), 그런데(But) 지금 하고 있는 게 있어서 10분 뒤에 치워도 될까요?"라고 말하는 식이다. 부모가 말할 때 내용이 불합리하고 자기들 입장에서 억울하다 할지라도 일단은 내용 자체를 듣게 하는 화법이 필요하다. 필요하면 Yes를 말할 때 Copy기법을 사용하게 하는 것도 괜찮다. "지금 방 치워라."고 하면 부모의 말을 복사하듯 똑같이 되뇌는 것이다. "네(Yes). 지금 방 치우라구요(copy)?" 그리고 아이는 당장 실행하든지 상황이 여의치 않으면 But을 써서 시간을 조율하든지 해야 한다. 그래야 부모의 권위가 서고 권위가 있어야 말에 힘이 있다.

고립(isolation) 이란 방어기제에 묶인 아이들

스위스 태생으로 프로테스탄트 신학자이며 취리히대학의 조직신학교수였던 에밀 브루너(Emil Brunner)

는 "인간은 다른 사람과의 관계 속에서 하나의 인격이 된다."라고 말했다. 그러나 요즘 자녀들은 관계 맺는 방법을 모른다. 그래서 관계 형성에 실패하고 혼자만의 세계 속에서 살아간다. 이것이 '고립(isolation)'이란 방어기제다. 삶에 대한 관심과 의욕도 없고 왜 사는지에 대한 철학적 물음 같은 것도 없다. 때론 덧없고 무의미한 느낌 때문에 죽고 싶은 생각에 사로잡힌다.

나는 상담 현장에서 우울증(우울감)으로 마음 고생하는 분들을 많이 보고 있다. 우울증의 원인은 다양하지만 적어도 내가 보는 우울증은 고립병이다. 아이러니하게도 우울증은 머리가 좋을수록, 내향성일수록, 그리고 마음이 여리고 착할수록 더 많이 걸린다. 남들이 하나를 생각할 때 서너 가지를 생각하는 탁월함이 도리어 발목을 잡았다. 그 생각들이 부정적으로 작용하여 남들이 그다지 고민하지 않는 부분까지 걱정하는 사람이 된다. 때론 망각해도 좋을 사건이나 남들이 했던 말까지 빠짐없이 기억하고 있으니 마음엔 온갖 잡동사니가 가득 차 있는 셈이다. 때론 그것들이 자원이기 때문에 문학이나 예술로 승화시켜 대단한 작품을 만들어낸다. 그런 까닭에 위대한 시인들 중에는 우울증(우울감)으로 고생한 사람이 많다.

사람을 사귈 때는 너무 많은 것을 생각하지 않아야 한다. 또 어느 정도는 실수와 약점을 눈감아 주는 융통성과 여유를 가져야 편안한 관계가 될 수 있다. 계산적이고 손익을 따지면 관계 형성은 어렵다. 손익보다 인간적 끌림에 의해 친구를 만들어야 피차 좋고 오래간다. 그래서 내적 자신감이 가득 찬 사람은 자연스럽게 사람을 끄는

왕이 된 자녀 싸가지 코칭

매력이 있다.

사람은 사람을 통해서 에너지를 얻는 존재이기 때문에 더불어 살 때 더 불어나는 존재다. 고립되어 있다는 말은 에너지를 받을 통로가 없다는 뜻이다. 마치 성능 좋은 신형 스포츠카임에도 불구하고 기름을 채우지 않아 달리지 못하는 것과 같다. 그래서 요즘엔 재능도 있고 실력도 있고 머리도 좋고 가정환경도 좋은데 아무것도 안하는 자녀들, 무기력에 빠진 자녀들이 자꾸 생겨난다. 초등학교 때까지는, 혹은 중학교 때까지는 남들이 부러워하는 모든 조건을 가졌던 아이가 상급학교에 진학하면서 완전히 바닥으로 떨어지는 사례가 계속 늘고 있다. 부모들이 걸었던 기대가 한꺼번에 무너졌을 뿐 아니라 아이가 자기 앞가림도 하지 못하게 될까 걱정이 들 수밖에 없다.

철회(withdrawal)라는 방어기제에 묶인 아이들

인간관계는 복잡해서 관계가 좋을 때도 있지만 원치 않는 오해와 갈등이 생기기도 한다. 어제까지 좋았던 관계가 오늘은 심각한 갈등관계로 비뀔 수도 있다. 그 모든 것은 그때그때 풀어가야 할 숙제이기도 하다. 물론, 그 숙제를 삶의 과정에 주어진 놀이로 받아들이고 축제처럼 살아갈 수도 있다. 그러려면 정신적 수준과 낙관지수가 높아야 한다. 생각의 힘이 없으면 도달할 수 없는 수준이다.

그런데 요즘 자녀들은 생각 수준이 턱없이 낮다. 어릴 때부터 생각하는 훈련을 받지 않아 생각하는 것 자체와 복잡한 것을 싫어한다. 인간관계로 인해 발생하는 복잡한 상황들을 맞닥뜨리기 싫어서 그런 상황 자체를 만들려 하지 않는다. 그러려면 혼자 살아야 하니 혼자만의 공간으로 도피하면서 그 어떤 것도 요구하지 않는 사람으로 살려고 한다. 이것이 '철회(withdrawal)'란 방어기제다. 요구했다가 거절당하면 큰 상처를 받기 때문에 요구하지 않음으로써 작은 상처를 선택하는 메커니즘이다. 이 방어기제를 사용하면서 '합리화(rationalization)'를 동시에 사용하는데 "난 그런 거 필요 없어.", "난 뭘 해도 안 돼", "어차피 이번 생은 망쳤어."라고 생각한다.

미국에서는 애완산업의 성장률과 우울증 환자의 증가율이 정비례 관계에 있다고 한다. 한국도 마찬가지다. 그것은 그만큼 고립된 사람들, 철회를 사용하는 사람이 많다는 증거다. 애완동물이 사람의 자리를 대체하고 있다. 요즘은 '반려동물'이라고 표현한다. 애완동물은 배신하지 않는다. 주인의 수준, 도덕성 같은 것을 비판하지 않는다. 그저 자기에게 먹을 것, 입을 것 등 생존에 필요한 것만 제공해 주면 한없이 충성한다. 그러나 인간은 타인이란 거울을 필요로 한다. 인간은 다른 사람을 통해 자신을 알게 되고 그 관계를 통해 성장한다. 미래로 갈수록 관계가 더 중요해질 것이다.

'투사(projection)'라는 방어기제에 묶인 아이들

요즘 자녀들은 부모의 상전이 된 것은 물론 왕의 자리를 넘어 신의 자리까지 올라가 있다. 세상을 단죄

왕이 된 자녀 싸가지 코칭

하고 심판할 수 있는 권한은 신의 영역이다.

구약성경 창세기 4장에는 형 가인이 동생 아벨을 죽이는 '비속살인'이 등장한다. 가인의 분노는 스스로 신이 되어 문제의 원인을 '외부'에서 찾았기 때문에 발생한 것이다. 그가 학습자가 되어 문제의 원인을 '내부'에서 찾았다면 가인과 아벨의 관계는 윈-윈(win-win)이 되었을 것이다. 그러나 가인은 자기문제의 원인을 외부에서 찾았고 그 원인 제공자로 동생 아벨을 지목했다. 이를 뒤집어씌우기 즉, '투사(投射, projection)'라고 한다. 가인은 자신의 제사가 수납되지 않자 그 원인을 자신에게서 찾지 않고 하나님과 아벨 탓이라고 단정 짓고 모든 분노를 아벨에게 투사했다. 가인 입장에서 그 분노는 정당했지만 살인은 지극히 주관적인 판단의 결과다. 이에 독일의 대문호 괴테(Johann Wolfgang von Goethe)는 "자기가 얼마나 자주 타인을 오해하는가를 자각하고 있다면, 누구도 남들 앞에서 함부로 말하지는 않을 것이다."라고 했는데 가인은 자신이 오해하고 있다는 생각을 전혀 하지 않았다.

가인처럼 문제가 생겼을 때 그 원인을 자신에게서 찾지 못하고 남을 원망하면서 자신이 억울한 사람이고, 피해를 입은 사람이라고 여기는 현상을 '피해자증후군'이라고 앞에서 설명했다. 교류분석심리학(T.A)의 창시자 에릭 번(Eric Berne)은 이것을 '게임(game)'이란 용어로 설명한다. 즉 자신은 그 무엇도 안 하면서 자신의 문제를 인정하지 않고 주변인과 외부환경으로 책임을 돌리는 현상이다. 심리적 게임의 결과는 항상 부정적이다. 심리적 게임 중 '너 때문이야 게임'이 있다. 예를 들어 자녀가 공부하지 않는 이유를 "다 엄마 때문이다."라고 말하는 경우다. "엄마가 스마트폰 만지지 말라니까 공부하기 싫어졌어.", "엄마가 게임 못하게 하니까 공부 안 할래." 이런 식이다. 투사하는 사람이 자주 사용하는 행동 패턴 중 하나인 이중구속(double)으로 무엇을 해도 걸리게 되는 화법을 사용한다. "엄마는 왜 다른 엄마들처럼 나보고 공부 하라는 소리 안 해? 너무 관심 없는 거 아냐?"라고 말하던 아이가 엄마가 공부하라고 하면 "모처럼 공부하려고 마음먹었는데 엄마가 그 말 하니 공부할 마음이 싹 사라지네."라고 말한다. 그래서 엄마가 무슨 대답을 하든 다 잘못이 되고 아이에겐 화내는 이유가 된다.

왜소한 정신적
체격의 아이들

　　　　　학부모 교육 강사로 초청받아 간 어
느 초등학교에서였다. 교장 선생님과 인사를 나누고 차를 마시고
있는데, 며칠 전 한 아이와 나눴던 이야기를 듣게 되었다. 중앙현관
에 승강기가 한 대 설치되어 있는데, 장애인이나 짐을 올릴 때, 또는
외부 손님이나 교사들이 이용하며 학생들은 사용하지 못하게 되어

있다. 그런데 어느 날 5학년 남자 아이가 교장 선생님을 찾아와 물었다. "왜 엘리베이터를 만들어 놓고 우리는 쓰지 못하게 하나요? 저희 아파트에서를 누구나 엘리베이터 자유롭게 쓰는데요." 그 말에 교장 선생님은 당황스러워 설명도 제대로 못해주고 엉겁결에 그저 "미안하다."고만 했단다.

아이의 말에 미안할 일이 맞을까? 그 아이가 그냥 궁금해서 물었다면야 궁금증 차원에서의 설명이 필요하겠지만 아이가 자기 입장에서 불공평을 전제로 불만을 표시해 온 것이라면 그 아이의 사고를 짚어볼 필요가 있다. 아이가 가진 그 논리의 기본 전제는 학생인 자기와 교사가 동일한 선상에 있다는 뜻이다. 아이 말마따나 아파트는 공동의 권리를 가진 사람들의 몫이라 입주자라는 동일한 권리를 얻었고 그 권리를 위해 매월 관리비를 지출한다. 일정한 대가를 지불하고 얻은 권리다. 그러나 학교에서 만든 엘리베이터는 학교가 그 용도를 지정했고 교사나 학생은 그 원칙에 따라야 한다. 그 학생이 엘리베이터 사용권을 위해 지출한 대가는 아무것도 없다. 단지, 학생이라는 이유만으로 그것에 대한 사용권을 주장한다면 엄연한 월권이다. 아이는 지금 평등(equality)을 균등(equity)으로 착각하고 있다.

교육은 주체와 객체가 명확히 구분된다. 교육의 주체는 수직차원의 상위에 있다. 그런데 과도한 아이 중심 교육은 수직차원을 허물어버린 정도를 넘어 학생들이 위가 되었고 교사가 아래가 되어버렸다. 집에서 왕처럼 살아온 아이들, 학교에서도 왕처럼 대접받고 싶은 아이들 입장에서는 자기들만 빼고 사용하는 엘리베이터가 불공평하기 짝이 없는 도구일 것이다. 자기들은 누릴 권리를 박탈당한 억울한 존재가 되어버렸다. 이것이 형평강박에 의한 피해자증후군이다. 그런데 대화 내용을 보면 의무는 거부하고 권리만 찾겠다는 발상이다. 그래서 아홉 개의 잘해 준 내용은 전혀 기억하지 못하고 부족한 하나를 부각시켜 그것이 마치 열 개인 것처럼 억울해하며 따지고 덤벼든다. 초등학생이 이러니 중고등학생은 오죽하겠으며 그렇게 성장한 사람이 어른이 되어 결혼하면 사회생활과 결혼생활이 어떨까?

피해자증후군과 형평강박은 자기중심적 사고에 고착되어 있는 현상이다. 앞에서도 설명을 했는데 신체적 성장을 발육(growth), 심리적 성장은 발달(development)이라고 하는데, 발육은 점진적인 성장곡선을 그리다 어느 시점부터 하향곡선을 그리지만(노화) 발달은 단계를 통해 계속 올라간다. 발달은 각 단계마다 과업이 있는데 각 단계의 발달과업을 이수하지 못하면 그 상태로 평생을 가야 한다. 이것이 '고착'이다. 비록 신체적으로는 성장했고, 언어, 논리, 수학, 과학 등의 인지적 영역도 성장했지만 고착으로 인해 심리나이는 영유아기 수준밖에 안 된다. 부모와 말이 통할 리도 없고 부모의 말을 들을 리도 없다.

왕이 된 자녀 싸가지 코칭

성인이 되어 사회생활을 할 때도 피해자증후군으로 인해 억울해하는 사람이 많다. 이를테면, 내가 맡은 업무가 A인데 B업무를 맡은 직원이 휴가나 결근으로 자리를 비웠다고 하자. 그런데 B에 관한 업무를 나에게 요청하면 그게 너무 불합리하고 짜증나고 억울하다. 적어도 나는 내가 하는 일만큼은 오점을 남기지 않을 것인데 B라는 업무로 인해서 내가 시간과 에너지를 낭비하느라 내 업무를 제대로 못하게 되면 억울하고 화가 난다. 동료애라든지 수고와 헌신 또는 봉사라는 개념은 털끝만치도 없다. 자기에게 불편을 끼치지 않기를 바라고 자기도 누구에게 불편을 끼치지 않겠다는 뜻이다. 자기 일에 책임을 지고 확실하게 일처리하고 그 일로 급여를 받고 남에게 손해 끼치지 않는 존재가 되는 건 맞다. 그 생각 때문에 일처리를 확실하게 하는 사람도 적지 않다. 그런데 피해자증후군의 노예가 되면 그런 일이 있는 조직이 짜증나고 싫다. 불합리가 가득 차 있는 곳으로 인식한다. 그래서 그런 조직을 빨리 떠나고 싶다. 상부상조의 개념이나 품앗이의 개념들은 갖지 못한다. 아마 이것은 개인의 개성을 존중하고 또 자신의 할 일만큼은 확실하게 한다는 서구의 개인주의가 한국에서는 이기주의로 변질된 것이 아닐까 싶다.

직장인들이 사직이나 이직을 고려하는 가장 큰 이유는 인간관계의 불편이다. 외부적으로 조직 자체가 가지는 불합리와 모순, 업무로 인한 스트레스 때문이겠고 내부적으로는 피해자증후군과 형평강박에 의한 현상일 것이다. 직장생활을 하다보면 불합리한 일이 있다. 그런데 실제 수치는 10~20% 정도인데 당사자가 느끼는 강도는 100~200%가 되고 빈도수도 훨씬 많다고 느끼면 직장은 더 이상 감당할 수 없는 곳이 된다. 그래서 직장을 박차고 나온다.

아이들이 말하는 상처는 주관적 상처다

> **사례) 나 엄마에게 상처받았거든요?**
> L씨는 딸 둘의 엄마다. 초등 6학년 큰 아이가 엄마 말을 듣지 않는다. 무슨 말을 하려고 하면 "엄마에게 상처받았거든요?"라며 늘 억울해 하고 조금이라도 불리한 입장이 되면 상처를 들먹인다. 어릴 때 엄마가 등짝을 후려쳤다는 것인데 그것은 자기를 때린 것이고 가정폭력에 해당하는 것이며 그로 인해 자기에게 상처가 되었다고 말한다. 그 때문에 자기 의무를 이행하지 않아도 된다고 여긴다.

만약, 이런 상황이라면 법은 어느 쪽 편일까? 당연히 아이 편이며 엄마는 가해자고 아이는 피해자다. 게다가 아이가 지금 분명히 자기 입으로 상처를 받았다고 말하지 않는가? 법이란 가해자든 피해자든 호소하는 사람의 입장을 대변해 준다. 그래서 아이가 이 문제로 법에 호소하면 법은 당연히 아이 편을 들어준다. 또 일부 부모들은 아이로부터 이런 말을 들으면 미안함에 어쩔 줄 모른다.

내가 그 엄마에게 "아이 등짝을 후려쳤을 때 잘 있는 아이의 등

·을 괜히 후려쳤느냐?"고 물었더니 손사래를 크게 치면서 무슨 말도 안 되는 소리를 하냐는 표정을 지었다. 끝까지 고집을 피우는 아이를 참다못해 한 대 후려친 것이라고 말했다. 피해자증후군에 사로잡힌 아이들은 부모들이 잘해 준 것은 생각하지 않는다. 상황이 여의치 않아 못해준 것, 자기 요구를 안 들어준 것, 부모의 오해나 일방적 결정과 처벌에서 온 부당함만을 내세우며 피해자라는 사실을 부각시킨다. 그러면서 상처라는 말을 사용한다. 어릴 적 상처는 성인이 되어도 결혼생활과 사회생활까지 악영향을 미친다는 심리학의 설명은 맞다. 그렇다고 절대적인 진리라고 말할 정도로 옳은 것은 아니다. 세상에는 '때문에'를 '덕분에'로 바꾼 삶의 연금술사들이 얼마든지 있으니까.

내가 내적 치유작업을 진행할 때 동일한 사건을 겪은 두 사람이 동시에 치유그룹에 들어온 적이 있었다. 둘 다 초등학교 5학년 때 거짓말을 했다는 이유로 어머니로부터 호되게 종아리를 맞았다고 했다. 그때 맞은 매가 지금도 억울하다고 말하는 사람과 그때 그 사건으로 인해 '무슨 일이 있어도 거짓말은 하지 말자.'를 삶의 철학으로 지켜온 사람으로 나뉘어졌다. 어떻게 이도록 다른 반응이 나올 수 있을까? 사람은 보다 나은 의미를 선택하는 실존적 존재이기 때문이다. 또 인간에게는 '회복탄력성(resilience)'이 있기 때문에 상처를 딛고 일어나 더 차원 높은 인생을 사는 일도 얼마든지 가능하다. 교육은 이렇게 실존적 인간을 만들어내는 것이 주목적이지 국가와 사회가 요구하는 기능적 인간을 만들어내는 것이 아니다. 주목적을 먼저 실행하면 부가기능은 자동으로 따라오기 마련이지만 우리는 지금 교육의 주목적과 부가목적이 뒤바뀐 세상에 살고 있다.

일단, 아이들이 말하는 상처는 그 앞에 수식어 '주관적'을 붙여야 한다. 자기 입장에서의 상처라는 뜻이다. 부모가 책임질 것은 '객관적 상처'로, 누가 봐도 명백한 상처다. 이를 테면 아이가 잘못한 것도 없는데 분풀이 대상으로 때렸다든지, 말로 훈계하면 될 일에 심한 매질을 했다든지, 한두 번의 회초리로 끝내야 할 것을 피가 나도록 때렸다든지(때린 게 아니라 팼다는 개념) 하는 것들은 상처에 해당한다. 감정적 격앙에 의한 처벌은 과도하기 때문에 아이는 억울한 피해자가 된다. 그런 아동학대는 없어져야 한다.

그런데 부모 입장에서 등짝을 후려칠 정도의 일이 생겨서 그랬다면 그것은 상처가 아니다. 이를테면 차도로 뛰어든다든지 하는 생명에 위협이 되는 행동을 했을 때나 부모에게 쌍욕을 한다든지 하는 패륜의 행위를 했을 때는 등짝을 후려친 일에 책임질 이유가 없다. 그러니 아이가 상처받았다고 말할 때 거기에 동조될 필요가 없다. "나, 엄마에게 상처받았거든!"이라고 말해 올 때는 "난, 상처 준 일 없거든!"이라고 반응하라. 그리고 계속 아이가 상처타령을 하면 "그건 네 입장에서 상처이지만 엄마는 상처준 일 없어. 그리고 그때 그 일의 원인 제공자는 너였어."라고 명백히 짚어줄 필요가 있다. 과거의 심리학이 말했던 상처 이론의 노예가 되어 아이를 왕으로 모시고 부모는 납작 엎드리는 행위는 더 하지 말라.

아이가 말하는 상처는 결국 아이가 '자기'라는 감옥에 갇혀 있는

왕이 된 자녀 싸가지 코칭

것을 보여준다. 객관적이라는 말은 사실(fact)을 있는 그대로 받아들인다는 뜻이다. 그러려면 내 문제와 상대의 문제를 구분할 줄 알아야 하고 자기 문제를 시인하고 받아들일 수 있어야 한다. 그런데 자기에 갇힌 사람에겐 '잘못'이란 개념이 없으므로 자기 잘못도 타인에 의한 것일 수밖에 없다. 그래서 아이는 명백히 자기가 잘못한 일임에도 부모 탓을 할 수밖에 없다. 또 자기가 상처받았다는 이유를 대면서 부모 말이면 무조건 거부하고 화부터 내는 건 성립이 안 된다. 아이는 모든 이유를 부모 탓이라고 투사하고 있지만 냉정히 말하면 아이가 불순종하고 화를 내며 탓만 하고 있을 뿐 자기 행위에 대한 책임을 지지 않고 있는 것이다.

《다 큰 자녀 싸가지 코칭》을 읽고 찾아오는 사람들 중에는 아이를 잘 키우기 위해 태교부터 시작해서 자녀교육에 관한 웬만한 책은 다 섭렵한 분들이 더러 있다. 그런 책에서 안내하는 대로 키웠는데 아이들이 다 큰 자녀가 되고 나니 전혀 다른 결과가 나와서 적잖이 당황했고 또 무엇을 어떻게 해야 할지 그저 막막했던 중에 그 이유를 알게 되었다며 고마워했다. 자녀교육에 대한 수많은 책은 고정된 신리가 아니다. 과거에 가장 좋은 자녀교육 이론들도 현재는 맞지 않고 지금 가장 좋은 이론들도 한 50년쯤 후가 되면 아주 무식한 방법이었고 자녀에게 학대를 행한 부모들이었다고 말할지 모른다. 다만, 부모는 부모고 자식은 자식이라는 기본 구조는 변하지 않는다. 이것은 천륜이다. 그런 면에서 부모는 자신감을 가져도 된다.

제2부

부모

독립

만세

부모의 독립이
우선이다

내가 상담심리학 석사와 박사를 공부하는 과정에서 알게 된 좀 특이한 현상은 유독 한국 부모들이 대상관계이론에 집착한다는 점이었다. 대상관계이론이란 영유아기의 초기 양육자인 엄마와의 관계경험이 아이의 자아상 형성에 결정적인 영향을 미친다는 정신분석심리학 바탕의 결정론이다. 아마이 이론을 듣고 있노라면 부모들은 두 가지 이유로 가슴이 철렁 내려않는다. 하나는 '나는 내 자식에게 좋은 대상(Object)이었나?'하는 물음과 '내 부모님은 나에게 좋은 대상이었나?'하는 물음이다. 아마 둘 다 자신 없을 것이다.

대상관계이론은 콘라드 로렌츠(Konrad Lorenz)의 각인이론, 해리 할로우(H. Harlow)의 원숭이 애착실험, 영국의 심리학자 에드워드 존 모스틴 보울비(Edward John Mostyn Bowlby)의 애착이론과 연관이 있다. 이런 이론들의 등장과 함께 영유아기에 부모와의 관계경험이 엄청 중요하다는 인식들이 생겨났다. 특히 애착이 제대로 형성되지 않으면 낮은 자존감을 가진 아이가 되어 세상을 제대로 살아갈 수 없다는 결정론은 부모 입장에선 무서운 말이다. 그래서 한국 엄마들이 자녀와의 애착관계를 형성하려고 그렇게 애를 쓰는 것 같다. 요즘엔 아빠들이 더 열성이라 아빠와 애착이 형성된 자녀도 적지 않다. 그런데 정작 보울비가 강조한 것은 애착(attachment)이 아니라 탈착(detachment)이었다는 사실을 아는 사람은 많지 않다. 즉, 보울비는 긴밀한 애착형성이 건강한 탈착을 위한 필수조건이란 것을 더 강조하고 있다. 대상관계심리학자 마가렛 말러(M. Mahler)는 이것을 '분리-개별화(Separation-individuation)'라는 용어로 설명한다. 사실, 이것은 자연계의 가장 기본 원리다. 새끼는 어릴수록 어미에게 절대의존하지만 성장할수록 독립적인 분리-개별화를 추구한다.

애착이론은 영유아기에 받아야 할 절대적 사랑의 양이 필요하다고 강조한다. 그 때문에 한국 부모는 자녀가 많으면 사랑이 분산되어 절대적 사랑의 양을 제공해 줄 수 없다고 생각한다. 그보다는 한

두 명 낳아 제대로 된 사랑을 부어주는 게 낫다고 여긴다. 사실, 현대사회는 다자녀를 거의 야만으로 취급하며 아이를 낳아 어른이 되기까지의 사회화 비용이 몇 억이 든다고 호들갑을 떤다. 한 아이에게 드는 비용이 몇 억이라는데 어떻게 아이를 많이 낳을 수 있을까? 그러나 이 말은 여러 동기와의 경험, 가족의 친밀감, 화합과 교류, 갈등을 풀어가는 과정에서 형성되는 관계적 시너지(synergy) 효과를 배제한 말이다. 아이를 많이 낳는 것은 고대로부터 미덕이었고 복으로 간주되었는데, 경쟁사회가 되고 고학력이 될수록 반대가 되는 기현상이 생기고 있다. 그것은 결국 사회화라 이름 부르는 교육이 '자기'라는 감옥에 가두는 시스템으로 작동하고 있는 것이다. 인정하든 안 하든 자식을 낳아 기르는 일, 자기 자식과 교류하고 성장시키는 일은 세상을 사는 동안에 제공되는 아주 특별한 경험이다. 즉, 부모가 된다는 것 자체가 아주 특별한 행복이다.

부모독립선언문

이 땅의 많은 부모가 부모로서의 행복보다 부담감과 절망감을 느끼는 것은 구닥다리 심리학과 교육학에 의해 자녀의 식민지로 전락되었기 때문이다. 자녀의 식민지가 된 부모의 광복을 위해서는 부모의 독립이 우선이다. 1919년 삼일 만세 운동 때 민족 대표 33인이 만들었던 기미년 독립선언문을 참고해 부모독립선언문을 만들었다.

우리는 이제 우리가 자녀들의 아버지와 어머니임과 동시에 교육의 주체임을 명백히 선언하노라. 이것으로써 수평적인 친밀함과 수직적인 권위를 동시에 갖추고 시기에 따라 자녀를 올바르게 양육하고 교육하겠다는 의지를 분명히 밝히노라.

온 세상의 정신적 교육의 뿌리를 튼튼히 하기 위하여 부모 자식 간의 수직적 관계를 명확히 하는 바이며 자녀의 행복과 성공을 위하여 마침내 부모를 능가하는 자식을 세상에 보내기 위하여 부모 독립을 선언하는 바이다.

우리는 그동안 구닥다리 심리학과 교육학의 노예가 되어서 아이를 왕으로 모신 우를 범했다. 거기에서는 항상 자녀들의 문제는 부모의 문제라고만 말했다. 문제 부모는 있어도 문제 자녀는 없었다. 그러나 1990년을 넘은 시점부터 2000년 이후에 태어난 자녀들을 둔 우리 입장에선 그 이론들을 더 이상 수용할 수 없을 뿐 아니라 그렇게만 가르친 대상들에게 분노한다.

우리는 그동안 문제 부모가 안 되기 위해 늘 노심초사 했고 뭐든 도움이 된다면 배우고 시행하려고 노력하였다. 배울 만치 배웠고 좋은 부모가 되려고 애를 썼다. 자녀를 위해서라면 전폭적인 지원을 할 준비가 되어 있었다. 그리고 자녀의 목소리에 귀 기울이고 마음을 알아주며 좋은 친구가 되어주려고 애를 써 왔다. 그런데 그 의도는 통째로 무시당했고 어느 사이에 자식이 절대 권력을 가진 폭군이 되었고 우리는 무수리로 전락되었다.

부모의 자리를 빼앗기고도 몰랐던 시간이 얼마이며 자녀가 무서워 벌벌 떨었던 시간이 얼마이며, 혹여 자식의 미래를 걱정하며 잠 못 이룬 날이 얼마였던가? 이제부터는 심리학과 교육학이 말해왔던 이론들, 제도화된 교육이 말하고 있는 자녀교육의 차원을 넘어 부모인 우리가 자녀교육의 주체가 될 것이다. 그리하여 부모보다 위대한 자식을 만들어 세상으로 파송할 것이다.

이에 인류의 정신세계를 지탱해왔던 사상의 뿌리와 철학과 종교의 가르침을 바탕으로 자녀로 하여금 추상적 사고 체계를 형성하게 할 것이다. 이에 아빠와 엄마의 칭호를 아버지와 어머니로 바꾸고 거기에 걸맞은 역할을 수행해 나갈 것이다.

《공약삼장》

하나, 오늘 우리의 이 거사는 그동안 자식의 노예로 살아온 것에 대한 반성이요 본래 부모의 자리를 되찾겠다는 것이니 이상하다고 말하거나 분노하지 말라.

하나, 우리는 부모-자식의 수직관계가 본래의 모습으로 되돌아갈 때까지 결코 굴하지 않을 것이다.

하나, 우리의 모든 행동은 정확한 근거와 이론을 바탕으로 시행할 것이며 결코 치우침이 없을 것이다.

아버지_____ 어머니 _____

첫째, 현시대 한국 부모는 자식의 식민지이기 때문이다. 그동안 싸가지 코칭 문제로 나를 거쳐 갔던 수많은 부모들은 무식에 무관심이거나 폭언과 폭력을 행사하는, 가족 치료에서 말하는 '역기능 가족(dysfunction family)'에 해당하는 사람들이 아니었다. 오히려 너무 기능(function)하려다 허용적이거나 과잉적 부모가 된 것이 문제였다. 그러다 보니 어느새부터 자녀의 식민지가 되어 자녀로부터 착취당하고 그들이 휘두르는 칼날에 무력하게 당하고 있었다. 이런 부모들은 싸가지 코칭을 실시해도 실패한다. 힘이 없는 세력이 섣불리 역모를 꾀했다가 역적으로 몰려 참수당하는 것과 같다. 그래서 그들이 힘을 갖도록 도와주는 첫 작업은 그동안 구닥다리 심리학이 만들어 놓은 불안의 늪에서부터 나오게 하는 일이다.

둘째, 문제를 회피하려 하기 때문이다. 그런 부모들은 자녀 문제를 자신의 문제로 끌어안기보다는 할 수만 있다면 전문가에게 맡겨 버리려고 했다. 나에게 오는 부모들 중에는 상담실과 청소년 상담센터, 신경정신과를 거쳐 정신병원에 자녀를 강제 입원까지 시켰던 사람들도 있었다. 최후의 방안으로 나를 찾아올 때도 내가 전능자이길 희망하며 자녀 문제를 하루아침에 해결해 주기를 바랐다. 그러니 내가 있는 곳이 평촌이든, 서울이든, 지금의 의왕이든 찾아오는 수고쯤은 개의치 않았다. 자식으로 인한 문제가 너무 크니 문제만 해결된다면야, 삼고초려를 수십 번 더 한다고 해도 하겠다는 의지를 불태웠다.

셋째, 부모가 탈진된 상태였다. 가장 안타깝고 가슴 아픈 경우인데, 이들은 모든 에너지가 소진되어 너무 약해져 있었다. 너무 오랫동안 자녀의 식민지에서 노예처럼 사느라 무기력에 찌든 데다 신체적, 정신적으로도 약해져 있었다. 지푸라기라도 잡는 심정으로 나를 찾아오기는 했는데 코칭은커녕 자기 몸과 마음 추스르는 것도 버거운 상태에 있는 그 안타까움을 뭐라고 설명해야 할까? 도대체 이 사람들이 무슨 잘못을 했단 말인가? 정말 상담에서 말하는 '문제투성이' 부모들이란 말인가? 차라리 배운 게 없어 무식한 부모, 찔러도 피 한 방울 안 나오는 부모, 무섭고 융통성이란 눈곱만치도 없는 부모, 권위주의로 똘똘 뭉친 부모가 나을 지도 모른다. 좋은 부모가 되려고 무던히도 애를 쓰는 분들이 자녀의 노예가 되는 기현상을 어떻게 설명할까?

넷째, 부부 문제가 더 급했기 때문이다. 자녀 문제가 부모의 미해결과제로 인해 초래된 경우도 생각보다 많았다. 십수 년을 살았음에도 불구하고 단 한 번도 진지한 대화를 못 했던 부부도 많았다. 그나마 지금 자녀가 문제를 일으켜 주는 덕분에 부부간의 임시 동맹이나마 형성된 것이 다행이었다. 이럴 때 가족치료에서는 문제아인 자녀를 I.P(Identified patient)라고 하는데, 단절되었던 부부관계를 연결시켜주었다고 해서 '공로자'로 불리기도 한다. 이 경우는 자녀 문제보다 부모의 부부관계를 먼저 다뤄야 했고 부부상담을 먼저 진행한 후에 싸가지 코칭을 이어갈 때도 있었다. 또 부부 문제를 다루다

보니 불안과 염려 같은 개인적인 이슈를 다뤄야 할 때도 있었다. 결국, 아이를 다루기 위해선 부모가 먼저 굳건히 서 있어야 하는데, 부부가 그동안 제대로 서지 못한 상태라 아이 문제를 해결하지 못하는 것이다.

다섯째, 부모의 독립이 확고부동할 때 자녀의 문제해결을 앞당기기 때문이다. 싸가지 코칭을 시작하고 내가 주는 지침대로 성실히 이행하는 부모들은 아주 짧은 시간에 문제를 해결했다. 당사자들이 더 놀랐다. 너무 빨리 해결되는 것이 오히려 이상하게 느껴지는 모양이었다. 이런 경우는 칼자루 쥔 쪽이 칼날 쥔 쪽보다 더 떨고 있는 모양새였을 뿐이다. 코칭을 시작하면서 칼자루 쥔 쪽이 부모임을 인지시키면 자신이 우위에 있음을 알게 된다. 부모가 기준과 원칙을 제시했을 때 아이들은 당연히 반발을 한다. 그런데 반발을 하면 할수록 그 결과가 자신에게 손해가 된다는 것을 확실히 알게 되고 시간이 갈수록 그것이 더 확인되면 서서히 꼬리를 내린다.

'부모광복만세' 라고 할까
'부모독립만세' 라고 할까

미국은 7월 4일을 독립기념일로 지킨다. 미국은 독립이란 말이 맞다. 영국의 통치를 받고 있던 상황에서 영국의 무리한 요구가 자행되자 더 이상 그런 통치를 받지 않겠다고 선포한 것이다. 그때의 미국은 이미 하나의 국가가 되기 위한 세 가지 조건인 영토, 국민, 주권 중 영토와 국민은 있는데 주권만 없던 상황이었기에 주권을 갖기 위한 전쟁을 한 것이다. 그러나 우리는 독립이 아니다. 5천 년의 역사를 가진 민족인데 나라가 약해빠져 일본에게 잡아먹힌 채 억울한 세월을 지내야 했다. 빼앗긴 나라, 잃어버린 나라를 다시 되찾는 것, 원래의 것을 다시 찾는 것은 독립이 아니라 광복이다. 개인적으로는 그놈의 독립기념관 간판을 깨부수고 '광복기념관'으로 고쳐 쓴 현판을 걸고 싶다. 어쩌다 한 번씩 거기 가면 입구에서 그 이름이 거슬려 내부를 둘러보는 내내 화가 난다. 이름 자체에서 일본의 속국이라는 개념을 스스로가 인정하는 꼴이 아니고 무엇인가? 그나마 8월 15일을 광복절이라고 지칭하는 것은 천만다행이다.

광복이든 독립이든 나라에 관한 용어를 하필 부모독립이니 광복이니 하니 웬 뚱딴지같은 소리인가라고 반문할 사람들이 있을지도 모르겠다. 지금 한국의 부모는 생물학적으로는 살아있지만 부모로서는 이미 죽었다. 부모가 된다는 것이 그저 자식 굶기지 않고 공부시켜 주는 것이 최상인 줄로만 알고 살았고, 또 아이가 원하는 대로 해 주는 것이 최상의 부모인 줄 알고 살았기에 아이가 커가면서 왕이 되고 부모가 자녀의 식민지가 될 줄은 꿈에도 몰랐다.

엄밀히 말하면 독립이 아니다. 독립이란 자녀들이 성장해서 부모를 떠나는 것을 지칭하는 말이지 부모가 자녀로부터 독립한다는 것은 성립이 안 된다. 그럼에도 불구하고 독립이라고 쓰는 것은 현대 부모들 스스로가 자녀들의 속국이 되기를 자처하고 나선 어리석은 사람들이 많기 때문에 부모부터 자신의 입지, 자신의 역할을 분명하게 찾으라는 의도다. 게다가 생물학적으로 어른이 되어 결혼하고 그저 아이가 생기니 양육해야하는 부모가 되기는 했지만 그 부모 역시 아직도 제대로 어른이 되지 못한 상태이기 때문이다. 부모가 먼저 자기 원가족(Original Family) 부모로부터 독립하지 않았는데 어떻게 자녀를 독립시켜 떠나보낼 것인가?

문제없는 부모에게서도 문제 자식 나온다

《다 큰 자녀 싸가지 코칭》이 발간되고 싸가지 코칭을 의뢰해왔던 분들의 직업 통계를 내 보니 교사, 간호사, 공무원이 순서대로 가장 많았다. 이 직업군의 사람들은 흔히 말하는 '문제 부모'와는 거리가 먼 사람들이다. 학창시절에 공부깨나 했고 학력 수준과 경제 수준이 높았고 모범생 중의 모범생으로 지금도 누구보다 성실하게 살아가는 사람들이었다. 게다가 자녀교육에 대한 열의도 높아 자녀를 제대로 키우기 위해 밤낮으로 노력하는 사람들이었다. 그래서 웬만한 육아서는 독파했고 그런 쪽 관련 사람들의 강의도 두루 섭렵하고 있고, TV 프로그램, 유튜브를 통해서도 끊임없이 공부하는 사람들이었다. 게다가 자녀들이 일으키는 문제란 것이 반항, 가출, 탈선, 무기력, 예의 없음, 게으름, 삶의 목표 상실, 나약한 의지력 등이었다. 그것을 한낱 '부모가 문제라서 그렇다.'라고 단정 지으면서 모든 원인을 부모들에게로만 돌릴 수 있을까? 그렇게 단정 지어 말하는 사람들은 누구이며 그들은 무슨 근거로 그렇게 말을 하고 있는 것인가?

만약 진짜 문제가 따로 있다면 거기에 따른 해답도 있지 않을까? 사실 상담실 문을 두드리는 부모들이 가진 문제라는 것이 그렇게 크지 않다. 오히려 부모의 문제라기보다 학교와 사회의 구조와 가치관이 더 문제였다. 그렇다면 부모는 문제의 유발자가 아니라 피해자인 셈이다. 그래서 지금 시점에선 외부의 문제와 자신의 문제가 정확히 무엇인지 구체적으로 짚어볼 필요가 있다. 적어도 이들은 자신의 문제를 지적할 때도 부정하거나 도피하지 않는다. 자신이 가해자가 아니라 피해자인 것을 알게 되었다면 더 이상 피해를 당하지 않는 법도 알아야 하고 더 효과적인 방안을 찾아 시행하도록 도와줘야 할 것 아닌가?

이 책은 그런 분들에게 그동안의 의문점에 대해 속 시원한 대답을 주고, 풀 수 없었던 문제에 대한 해법을 알려줄 뿐 아니라 어떤 경우라도 자신들을 붙들어 매주고 일정 기간 유지시켜주는 기능을 할 것이다. 상담에서는 이것을 '지탱기능(Function of Sustaining)'과 '유지기능(Function of Holding)'이라고 한다. 이 땅의 많은 부모는 지탱기능과 유지기능이 조금만 제공된다면 얼마든지 스스로 자녀문제를 해결해 낼 유능한 부모들이다. 그래서 이 책에 이어 부모가 자식에게 가르치는《왕이 된 자녀 싸가지 코칭 실천편》이라는 제목의 12가지 주제를 담은 교재를 출간하려고 한다. 부모가 직접 교육의 주체가 되어 자녀들을 3개월 정도 진득하게 가르칠 수 있다. 자녀가 고민하고 있는 문제들을 부모도 함께 생각하도록, 그래서 굳이 상담실을 통하지 않고도 부모 스스로 자녀 문제를 처리할 수 있도록, 나아가 부모가 자식을 가르치는 하나의 문화로까지 정착될 수 있기를 희망한다.

그때는 맞았을지라도 지금은 아니다

자식에 대한 한국 부모들의 열정은 세계 최고다. 그런데 그 이면에 깔린 동기가 '불안'이라면 좀 씁쓸하다. 그 불안을 유발하는 주체는 아이러니하게도 소위 전문가라고 부르는 사람들이다. 사실, 전문가라고 부르는 사람들은 어떤 이론의 전문가일 뿐이다. 그래서 《아이들은 어떻게 권력을 잡았을까》의 저자 다비드 에버하르드는 전문가란 표현 대신에 '논객(論客)'이란 말을 쓴다.

아마 자녀교육의 시초라고 할 만한 심리학의 대부는 벤자민 스포크(Benjamin Spock) 박사일 것이다. 한국에는 《육아전서》로 번역 소개된 그의 책 《The Common Sense Book of Baby and Child Care》은 출간 당시 미국 사회에 선풍을 일으켰다. 왜냐하면 부모가 아이의 눈높이에 맞춰야 한다는 그의 설명이 그 당시에 엄청나 충격이었기 때문이다. 그때부터 《육아전서》는 자녀교육의 바이블로 통했다. 당시 미국 중산층 가정의 서재에는 기본적으로 3권의 책이 꽂혀 있었는데 《성경》과 마가렛 미첼의 《바람과 함께 사라지다》와 《육아전서》였다고 한다. 그런데 그 책 이후로 부모는 아이들에게 쩔쩔매는 존재로 전락했다. 아이들을 죄다 왕으로 모셨고 부모는 스스로 식민지가 되었다. 이런 이론들 이후로 수많은 전문가에 의해서 다양한 이론들이 제시되어 왔는데 그때마다 한국의 부모들은 부초처럼 이리저리 휩쓸리는 존재가 되고 말았다.

요즘 부모들은 문제 부모가 아니다. 문제 부모가 아닌 정도가 아니라 내가 어릴 때 꿈꾸던 좋은 부모의 조건을 다 가지고 있는 이들이다. 대학 이상의 학력, 자가용을 가진 중산층, 자식을 위해서라면 전폭적 지원을 아끼지 않을 능력, 부모와 자식 간의 기본 친밀감, 자녀의 권리를 무한 보장해 주는 부모들이다. 그럼에도 불구하고 아이들은 부모를 거역하고 쌍욕을 하고, 게임이나 스마트폰 중독에 빠져 있고, 무기력에 찌들어 있으며 늘 억울해하고 분노에 차 있다. 그렇다면 '문제 없는 부모-문제 있는 자식'이라는 관계가 성립이 되는데 그 이유가 무엇이고 어떻게 풀어야 할지에 대한 고민이 생겼다. 그때부터 기존에 배웠던 상담의 패러다임을 다시 조명하기 시작했다.

부모들은 너무 약하고 불안과 두려움이 컸다. 자녀들의 문제 행동은 너무 동일한 패턴이라 같은 드라마 대본의 배역을 읽고 온 배우들 같았다. 거기에까지 생각이 이르자, 그럼 세뇌시킨 주체가 누구였을까를 생각했고 그것이 제도화된 교육을 받은 세대의 공통점이라는 것도 알게 되었다. 그래서 우리가 받았던 제도화된 교육의 역사와 패러다임을 다시 확인하게 되었고 그 과정에서 다른 나라의 교육 시스템까지 탐구하게 되었다. 특히 유대인들의 교육방식을 알게 되면서는 더 명료해졌다. 그렇게 해서 얻은 결론은 대한민국은 교육이 없고 사육만 있다는 것이다. 그렇게 사육된 자녀들은 어른이 되고 부모가 되면서 규격화된 생각을 하고 불안의 노예가 되고 말았다. 불안에 사로잡힌 부모는 자식의 노예로 살 수밖에 없다.

아이들이 대학에 가는 시기는 성인기로 부모로부터 완전 독립을 해야 하지만 인생 준비 기간의 연장선상으로 본다. 즉 고등학교를 졸업하고 바로 직업인으로 사는 것보다 대학을 졸업했을 때 플러스 요소가 더 크기 때문에 대학이라는 준비 기간을 추가했다. 그렇지만 지금은 대학의 변별력이 거의 사라졌다. 좋은 대학의 평가 기준이 취업률로 결정되는 걸 보면 정말 한심하기 짝이 없다. 대학이 대학으로서의 본래 기능을 추구하여 취업으로 연결되고 취업률이 높다면야 아무런 문제가 없겠지만 취업률 자체를 목표로 삼고 모든 방향을 그렇게 맞춰가고 있다면 더 이상 대학이 아니라 직업학교에 불과하다. 대학이 스스로 자신의 가치를 낮춘 것이다. 나는 "대학(大學)이 개학(犬學)이 되었다."라고 표현한다.

옛날에 만들어졌던 자녀양육 지침을 따르다보니 자녀는 왕이 되었고 부모는 종이 되었다. 그 때문에 자식을 대학에 보냈다고, 결혼시켰다고 역할에서 해방되는 것이 아니다. 대학에 들어가고, 결혼을 해 자식을 낳은 부모가 되었음에도 여전히 똥오줌 못 가리는 성인 자녀들이 너무 많다. 결국 내 자식을 내가 가르치지 않은 부모로서의 직무유기 결과가 고스란히 돌아온 셈이다.

모자람이 아니라
넘침이 문제다

과거의 심리학에서 자녀 문제는 반드시 부족한 부모에 의한 것이었다. 그런데 교육을 받은 부모 세대는 그런 부모가 되지 않으려 노력하다 자기도 모르게 과잉 부모가 되고 말았다. 발아(發芽)시키기 위해 온습도를 맞춰주던 습성을 옮겨 심어야 할 모종에게도 계속 맞춰주다 결과적으로 자생력을 잃게 만든 것과 같다.

초식아동 급증

> **사례) 엄마, 그 다음은 뭐해?**
>
> 초등학교 고학년이 되었음에도 불구하고 "엄마, 뭐해?", "엄마, 그 다음은 뭐해?"라고 묻는 아이가 있다. 학교를 마치면 피아노학원, 태권도학원을 비롯해서 학원을 전전해야 한다. 집에 와도 숙제를 해야 한다. 초등학교 입학 때부터 모든 준비물은 엄마가 다 챙겨 주었다. 아이는 스스로 생각하고 처리하는 것이 없다. 사냥할 줄 모르는 초식아동의 전형이다. 이렇게 자라면 어른이 되어도 스스로 할 줄 아는 게 아무것도 없는 무능한 존재가 된다.

초식아동은 자기보호기능이 없고 사냥기능도 없는 존재다. 육식동물인데 초식동물처럼 되었다고 상상해 보라. 아무리 육식동물이라도 자기보호기능과 사냥기능이 없다면 아무짝에도 쓸모없다. 아무것도 못하는 존재는 어디에도 끼지 못하고 도태되기 마련이다. 초식아동은 어릴 때부터 아무것도 안 해 봤기 때문에 스스로 할 수 있는 게 없다. 그러니 커서도 아무것도 못하고 무엇을 해야 한다는 개념도 없다. 자녀를 초식아동으로 키우는 부모 유형은 허용적 부모와 과잉적 부모다. 너무 많은 것을 주어 자녀를 도리어 죽게 만드는, 결과적으로 사랑이란 이름의 학대를 행하고 있는 것이다. 반대로 어릴 때부터 집안일을 많이 해 본 자녀는 일에 대한 개념도 알고 어떤 일을 보면 자신이 해야 할 일이라고 여기고 달려드는 주도성과 자발성을 가진다. 이런 자녀는 어딜 가도 환영받는다.

초식아동이 대학생이 되면 기피대상이 된다. 요즘 대학생들은 조별 과제를 할 때 이런 학생을 제일 기피한다고 한다. 조별 과제는 말 그대로 조원들이 각자의 역할을 담당해서 하나의 결과물을 만드는 일인데, 조원으로 편성만 되었을 뿐 역할을 맡겠다는 의지도 없고 아이디어 회의할 때 나타나지도 않고 와 있으나 어떤 의견도 개진하지 않는다. 그런 식으로 늘 먼발치에 빠져 있다. 하다못해, 다른 조원이 과제를 할 때 옆에 있기라도 하든지, 밥이나 간식을 사든지, 복사하는 일 등 작은 수고라도 감당해야 하는데 아무것도 안 한다. 일도 일이려니와 기본적인 인사도 하지 않고 누군가 다가가도 시큰둥하게 반응하는 등 아무짝에도 쓸모없는 존재면 정말이지 짜증난다. 조별 과제 결과물에 대한 평가가 안 좋게 나와도 화가 나고 좋은 평가를 받게 되면 아무것도 안하고도 좋은 점수를 받는 그 친구 때문에 화가 난다. 그렇게 한 번 낙인찍히고 나면 아무도 그를 자기 조원으로 받아주려 하지 않는다.

청춘은 거칠고 대범하고 무모하기까지 하다. 그 무모함이 청춘의 멋이다. 열정을 위해 도전하는 힘이 있기 때문이다. 그게 없다면 늙은이 중에서도 상늙은이요, 영혼이 없는 좀비에 불과하다.

좋은 부모 콤플렉스에서 벗어나라

한때 "부모도 자격증이 필요하다." 라고 말하는 사람들이 있었다. 부모로서 기본적인 돌봄, 소양, 경제적 능력, 기본적인 존중과 배려와 같은 인격적 요소를 갖추지 않은 채 생물학적으로만 부모가 되어 학대와 방임을 행하고 경제적 책임도 지지 않는 사람들을 대상으로 하는 말이었다. 그런데 이 말은 꼭 들어야 할 사람들에겐 전해지지 않았고 듣지 않아도 되는, 이미 충분히 좋은 부모들로 하여금 '좋은 부모 콤플렉스'를 갖게 만들었다. 이들의 모토는 이렇다. "좋은 부모란 언성을 높이는 일 없이, 아이의 말에 반박하지 않으며 언제나 아이의 눈높이에서 대하는 사람이다."

우리 집 다육이 화분 관리자는 나다. 선물로 받았거나 사 온 다육이 몇 개를 아내가 죽인 이후로 담당자를 바꾸었다. 아내가 다육이를 죽인 것은 너무 부지런해서다. 매일 아침마다 물뿌리개를 들고 화분마다 친절하게 칙칙칙칙 물을 뿌려 주었다. 그런데 3개월도 안 되어 다 죽어버렸다. 다육이 종류는 물을 많이 주면 안 된다. 종류에 따라 햇볕에 두어야 할 것도 있고 햇볕 아래서 익어버리는 것도 있다. 햇볕보다 중요한 것은 통풍이다. 추운 것은 잘 견디는데 통풍이 안 되는 것은 못 견딘다. 다육이는 오히려 게으른 사람이 잘 키운다. 물주기를 까마득히 잊고 살다가 좀 시들해진다 싶을 때 화분을 통째로 물에 담가 충분히 물을 흡수하게 하면 된다.

자녀도 발달단계에 따라 다르게 대해야 한다. 갓난아기를 다룰 때와 유아기, 학령기 이후를 다룰 때가 완전히 다르다. 학령기 이상의 자녀를 영유아 다루듯 하면 다육이에게 물을 많이 주는 것과 같다. 갓난아기 때는 전적인 사랑을 줘야 하지만 성장하면서는 적절한 좌절 경험이 필요하다. 사랑이 관계의 자양분이라면 좌절은 내적 성숙의 자양분이기 때문이다. 그래야 어른이 되었을 때 "행복의 필수 조건은 갖고 싶어도 가질 수 없는 게 있다는 것을 아는 것이다."라는 버드란트 러셀(Bertrand Russell)의 말을 이해하고 욕심을 내려놓을 수 있다.

수레의 바퀴는 같은 크기여야 한다. 각각의 바퀴는 사랑과 적절한 좌절이다. 사랑이란 바퀴는 작은데 좌절이란 바퀴가 크면 상처를 받고 세상으로 나아가지 못한다. 반대로 사랑이란 바퀴가 크고 좌절이란 바퀴가 너무 작아도 연약한 존재가 되어 세상으로 나아가지 못한다. 지금 중고생 이상의 자녀를 둔 부모 세대는 좌절이란 바퀴는 큰데 사랑이란 바퀴는 작았다. 그래서 그들은 좋은 부모가 되려고 무던히 애썼다. 그 부모에게서 태어난 지금의 자녀 세대는 사랑이란 바퀴는 큰데 좌절이란 바퀴가 턱없이 작다. 둘 다 앞으로 나아가지 못하고 제자리만 맴도는 존재가 되고 말았다.

영국의 소아정신과 의사며 아동정신분석가인 도날드 위니컷은 엄마와 유아의 쌍을 연구한 사람으로 유명하다. 아이가 신경증이 생겨 병원에 올 때 주로 엄마가 아이를 데리고 오는데 엄마와 아이의 쌍을 유심히 관찰했다. 도대체 어떤 엄마에게서 신경증에 걸리는 유아가 나오는가를 봤더니 놀랍게도 'perfect mother'였다. 너무 좋은 엄마가 되려는 것이 아이에겐 도리어 마이너스로 작용된다는 것이다. 그러면서 대안으로 'good enough mother'를 제시했는데 우리나라에선 '충분히 좋은 엄마'라고 번역하고 나는 '그냥 그런 엄마'라고 소개한다. 좋은 엄마가 되기보다 보통의 엄마가 더 좋다

왕이 된 자녀 싸가지 코칭

는 뜻이다. 사랑도 줘야 하지만 적절한 좌절도 주는 엄마, 사랑이란 바퀴와 좌절이라는 바퀴의 크기가 같도록 만드는 엄마다. 사랑을 통해서 자존감과 내적인 풍성, 인간적인 따뜻함이 길러진다면 적절한 좌절은 인내와 자기통제력, 즉 심리적 내성을 갖게 한다.

한국 부모들은 너무 잘해 주려고 해서, 너무 아이를 상전 모시듯하는 게 문제다. 마치 다육이에게 매일 아침 친절하게 물을 주는 행위처럼 말이다. 결과적으로 다육이를 죽이는 것처럼 너무 잘해 주는 경우는 아이를 도리어 죽이는 사랑이란 이름의 학대다.

사랑이란 이름의 학대 세 가지

싸가지 코칭은 부모가 자신의 권위를 세우는 일에서 출발한다. 어릴 때부터 부모가 절대로 하면 안 되는 행동 세 가지가 있다. 허용적 부모와 과잉적 부모는 이 세 가지 금기사항만 골라서 한다. 자기는 아이를 위한 행위였다고 하지만 결과적으로는 아이를 죽인 간접살인이 된다.

첫째, 자녀에게 높임말을 쓰는 행위다. 부모가 높임말을 쓰는 이유는 어릴 때부터 인격적으로 대하겠다, 또 화내지 않고 키우겠다는 의지의 표현이다. 그래서 부모는 교양 있는 사람처럼 보이기도 한다. 어릴 때부터 부모가 아이들에게 높임말을 쓰면 아이도 남을 존중하게 된다는 것은 '모델링 이론'이다. 물론, 아이가 부모를 따라 하니 부모는 좋은 본보기가 되어야 한다. 그래서 봉사하고 배려하고 나누는 삶을 보여주는 것은 좋다. 그렇더라도 아이에게 높임말을 쓰는 것은 생각해 볼 문제다. 높임말이란 상대를 높이는 것이니까 부모가 자식에게 높임말을 쓸 순 없다.

아마 자녀에게 높임말을 함으로써 아이들로 하여금 존중하는 법을 배우게 한 대표적인 사례가 탤런트 최수종 씨일 것이다. 부부끼리도 높임말을 쓰고 아이에게도 높임말을 쓴다고 한다. 그런데 그것은 높임말을 해서 아이들이 존중한다기보다 부모의 평소 태도에 존중과 배려, 따뜻함이 들어 있기 때문이다. 부모의 기본 태도가 좋기 때문에 아이들이 부모를 따르는 것이지 부모가 높임말을 써서가 아니다. 부모가 권위를 가지면서도 사랑으로 대하면 아이는 얼마든 건강한 인성을 갖춘 존재로 자랄 수 있다.

오히려 아이가 언어를 배우기 시작할 때부터 부모님께 높임말을 쓰게 해야 한다. 결혼해서 아들딸을 둔 성인자녀가 자기 부모를 "엄마", "아빠"라고 부르는 것도 듣기에 썩 좋지 않다. 추상적 사고의 단계로 올라서면 부모를 부르는 호칭도 "엄마, 아빠"에서 "어머니, 아버지"로 바뀌어야 한다. 엄마와 아빠가 살가움 즉 몸에서 살이라면 어머니와 아버지는 뼈대이기 때문이다.

둘째, 부모 중 특히 엄마가 하지 말아야 할 행동 중의 하나가 밥먹여주는 행위다. 몇 년 전 유치원 등원하는 버스 정류장까지 나와서 아이에게 밥을 먹이는 어떤 엄마를 본 적이 있다. 아이는 잔뜩 인상을 쓰면서 먹기를 거부했다. 급기야는 엄마가 사정을 하면서 "한입 먹을 때마다 500원!"이라고 하자 아이는 먹어주었다. 이런 아이들이 중고생이 되면 "반찬이 더럽게 맛없다."며 반찬 투정을 하고 쌍욕을 한다. 그럴 때 부모는 아이를 야단쳐야 하는데 오히려 절절매며 송구한 목소리를 내고 납작 엎드린다. 그리곤 백화점에 가서 고급 재료를 사서 맛난 음식을 해서 갖다 바친다. 그렇게 성장한 아이는 부모를 종처럼 부려먹는다. 부모를 종으로 부려먹는 아이는 나중에 사람들과의 관계 속으로 들어가지 못한다. 기본적인 예의도 없고 인간적인 매력이라곤 털끝만치도 없는 사람을 받아주는 곳은 아무데도 없다. 친구들끼리 만나는데 왕처럼 행동한다면 누가 그것을 인정하고 맞춰줄 수 있을까?

아이가 밥을 안 먹고 등원하는 건 아이 문제지 부모의 문제가 아니다. 반드시 아침식사를 하게 만드는 것은 부모의 교육이다. 아이가 부모 품에서 또래집단으로 가는 시기(어린이집, 유치원)의 아이는 밥 정도는 혼자 먹어야 한다. 아이가 아침밥을 먹지 않는다면 그날 간식이 제공되지 않는다든지, 장난감을 가지고 놀 기회를 상실하게 한다든지, 다음 식사 시간에 밥을 먹을 수 없다고 알려주어야 하고 그대로 시행해야 한다. 이유식이야 시기적으로 어리고 미숙하니 떠먹여 주는 게 맞지만 어린이집이나 유치원을 갈 시기는 이미 스스로 할 수 있는 나이다. 밥 먹는 것부터 시작해서 씻고 닦고 양치하고 배변하고 정리 정돈하는 것과 준비물 챙기기 등은 기본에 들어가는 일들이다. 어릴 때부터 그런 일이 자연스럽게 몸에 배도록 가르쳐야 독립적인 아이가 된다.

셋째, 아이에게 맡겨진 일이나 학령기 자녀들의 숙제를 대신해 주는 행위다. 사람은 누구나 세상에서 유능한 존재, 누군가에게 소중한 존재이고 싶어 한다. 아이들이 어릴 때 가장 많이 쓰는 말 중의 하나가 "나 이거 알아.", "나 그거 할 줄 알아."라는 말이다. 이것이 주도성과 자기효능감으로 이어진다. 그래서 '무능하다, 필요 없는 존재다.'라는 말만큼 비참한 말도 없다. 유치원 아이들에게 가장 굴욕적인 말 중 하나가 이것이다. "너 자꾸 그러면 기저귀 채운다."

부모가 대신 해주면 결과적으로 일이 더 잘 마무리되고 좋은 성적을 얻을지 몰라도 그건 부모의 능력이지 아이의 능력이 아니다. 게다가 결과를 위해서라면 거짓말을 해도 된다는 암묵적 메시지까지 전달하고 있다. 이로 인해 도덕성이 무너지고 창의성과 호기심까지 잃게 만든다. 너무 풍족하고 안락한 환경에서는 창의적인 발상이 나오지 않는 법이다. 요즘 아이들이 '몰라.', '싫어.', '안 해.', '귀찮아.'를 입에 달고 살면서 무엇을 주어도 시큰둥한 반응을 보이는 이유다. 창의성과 호기심을 잃었다는 말은 행복 센서를 제거당했다는 말과 동일하고, 행복을 느끼지 못하는 아이들은 커서 쾌락만 추구하는 존재가 된다.

헬리콥터 부모와 등대 부모

헬리콥터 부모는 자녀 교육에 극성스러운 부모를 지칭한다. 헬리콥터가 사건 현장 위에서 온갖 지원을 해 주는 것처럼 자녀 위를 맴돌며 온갖 간섭을 다 한다고 해서 붙여진 별명이다. 최근엔 드론 부모라는 용어까지 등장했다. 지속적인 감시와 시시콜콜 작은 일까지 끊임없이 관리하며 장기적으로 악

영향을 미친다는 점에선 헬리콥터 부모와 매한가지다. 좀 더 세분화되고 다루기 쉽다는 점에서 보면 간섭이 더 가깝게 이뤄지는 셈이다. 이 부모 유형은 아이를 불안과 우울에 취약하게 만들고 인생의 파도를 이겨낼 회복탄력성의 발달을 가로막는다. 결국 아이는 생존의 기본기를 익히지 못해 약해빠진 존재로 전락하게 되고 생물학적으로만 성인이 될 뿐 정신연령이나 통합적 사고 능력은 영유아기 수준에 머물게 된다.

부모는 자녀의 등대여야 한다. '등대 부모'라는 말은 미국의 한 소아과 의사가 만든 용어다. 등대는 항해하는 배를 위해 존재한다. 항해를 한다는 말은 기본적으로 배를 다룰 줄 안다는 뜻이요, 고기를 잡든 관광을 하든 용도에 따라서 사용한다는 뜻이다. 배가 풍랑을 만났을 때나 방향을 잃었을 때 등대가 안전귀가를 위한 기준점이 되듯 부모는 때로 자녀들이 실수하거나 잘못을 했다 할지라도 다시 제자리로 돌아올 수 있게 해야 한다. 등대 부모란 자녀들을 믿어주는 부모를 지칭한다. 풍랑이 유능한 선장을 만든다는 말처럼 여러 번의 실수와 그 실수를 만회하고 수정해가는 가운데 유능한 사람으로 성장해 갈 수 있다. 실수가 문제가 아니라 실수를 통해서 아무것도 배우지 못하는 것이 문제다.

그런 면에서 보면 한국 부모의 과잉은 가히 세계적이다. 초중고 자녀들을 위한 극성은 익히 알려진 것들이다. 학원가의 저녁시간에는 자녀들을 데리러 오는 부모들의 자가용 행렬이 줄을 잇는다. 심지어 대학생 자녀의 중간고사 기간이 되면 자녀가 아침에 잠을 조금 더 자라고 학교 도서관의 자리를 잡아주는 도서관맘까지 있다고 할 정도다. 과유불급은 사랑도 마찬가지다. 로빈 노우드(Robin Norwood)의《너무 사랑하는 여자들》이란 책을 보면 과잉 사랑은 건강한 관계를 맺지 못하고 종속된 사랑의 형태를 만들게 된다고 충고한다. 그래서 과잉 사랑은 사랑이 아니라 집착에 해당하고 밧줄로 상대방이나 자신을 꽁꽁 묶어두는 행위다.

인에이블러(Enabler): 도와준다면서 망치는 사람

사례) 나는 인에이블러 엄마였어요.

아이들의 눈높이를 맞춰주는 완벽한 엄마를 꿈꾸는 여성이 있었다. 누구보다 자식을 사랑했고 헌신적이었다. 아이들이 도움의 손길을 내밀면 지체 없이 만사를 제쳐두고 달려갔다. 그런데 성인이 된 아들은 분열 정동 장애 진단을 받았고 딸 역시 불안증으로 바깥 세상에 나가지를 못한다. 곰곰이 생각해 보니 자신이 바로 '인에이블러' 엄마였다는 것을 깨닫게 되었다.

무능한 존재가 된 아이들은 스트레스에 취약하다. 스트레스가 많은 환경에 살고 있어서라기보다 너무 약해서 작은 스트레스도 견디지 못한다. 과잉적 엄마는 자녀들이 세균에 감염될까 봐 미리 무균실에 넣고 키운다. 무균실에 들어가는 환자는 일반 환자가 아니라 면역력이 약한 환자다. 일반 환자는 일반 병실에 있어도 된다. 엄마의 과잉은 궁극적으로 자녀의 면역력이 형성되지 않도록 만드는 행위다. 그렇게 관계적 면역력이 형성되지 않은 아이는 조금만 불편한 일이 있어도 못 견디고 조금만 싫어도 아무것도 하지 않는다. 왕자와 공주로 살려면 왕자교육 공주교육을 받아야 하는데 마스코트처럼 늘 우아하게만 있고 싶어할 뿐 어떤 의무도 이행하지 않는다. 그렇게 세월이 지나면 혼자만의 마스코트로 남는다.

과도한 '아이가 원하는 대로'

부모는 빼앗긴 부모의 본래 자리를 되찾아야 한다. 부모는 부모의 자리가 있고 자녀는 자녀의 자리가 있다. 그런데 심리학과 교육학이라는 학문이 들어오면서부터 부모가 자식들을 섬기는 이상한 행태(行態)가 만들어졌다. 그것을 인권이나 사랑이란 말로 정당화한다. 그 인권이나 사랑의 개념을 '아이가 원하는 대로'에 초점을 맞추었다. 아이가 원하는 대로가 인권이나 사랑의 개념이 될 수 있을까? 아이가 원하는 모든 것을 다 채워주는 요술봉 같은 부모는 발달시기상 영아기와 초기 유아기에 필요할 뿐이다. 아무리 높게 잡아도 학령기 이전까지다. 현대 부모는 어리석게도 그 시기를 학령기, 청소년기를 넘어 청년기까지 지속하고 있다. 부모들이 그렇게 하는 것은 정신분석에서 말하는 '반동형성(反動形成)'이라는 방어기제다. 정작 당사자는 받아보지도 못한 그 사랑을 자식에게 아낌없이 쏟아 붓는 것이다. 자기가 받고 싶은데 주는 사람이 아무도 없으니 자기가 주는 사람이 된 것이다.

많은 육아서에는 사랑의 개념을 아무것도 요구하지 않는 것이라고 말하고 있다. 이렇게 되면 아이 훈육은 불가능해진다. 훈육은 훈련(training)과 교육(education)의 개념이 합해진 말이다. 만약, 군대가 군인이 원하는 대로만 한다면 어떻게 될까? 군인이 원하는 것은 휴가요 훈련이 없는 것이다. 군에서 훈련이 하나도 없다면 가히 천국일 것이다. 그러다 전쟁이 나면 전투 한 번 못하고 무의미하게 죽을 테니 인권이 아니다. 군인의 인권이란 평소에 강한 훈련을 시켜서 전쟁이 났을 때 이기는 존재, 끝까지 살아남는 존재가 되도록 만드는 것이다. 전쟁이 아니더라도 군 생활의 경험으로 사회생활을 거뜬하게 해 나갈 수 있도록 만들어주는 것이 인권이다. 2차 세계대전 때 전차군단을 이끈 미국 패튼(George S. Patton) 장군의 철학은 "한 방울의 땀으로 한 드럼의 피를 아낀다."였다. 자녀가 부모를 떠나 독립한 후 자신의 인생을 거뜬히 살아가게 만드는 것이 진정한 인권이요 사랑이다.

2020년 5월 어느 목사님의 페이스북에서 발췌한 내용이다.

월요일 아침, 교육관 쓰레기통에 주일예배 후 어린이들이 버린 쓰레기들로 가득 차 있었다. 그런데 이게 웬일인가? 뜯지도 않고 버린 빵이 여러 개 있었다. 알고 보니 요즘 아이들은 입이 고급이란다. 방금 제과점에서 만든 따끈따끈한 치즈빵은 잘 먹어도 공장에서 만든 단팥빵은 맛없다고 그냥 버린단다. 나는 어린이들이 버린 빵을 냉장고 안에 보관해 두었다가 출출할 때 하나씩 꺼내 먹는다.

서울 강남에서 초등학교 교사로 있는 큰아들이 충주에 내려올 때면 요즘 아이들 이야기를 해 준다. 학교에서 매일 200ml우유를 공짜로 나눠주는데 안 먹고 버리고 가는 아이들이 너무 많다고 한다. "집에 가지고 가서 먹으면 될 것이지?"라고 했더니 "집에 가져가면 엄마한테 야단맞는다고 학교에 다 버려요."라고 말한다. "허 그것 참! 아깝지도 않나?" 나는 그저 허탈감에 웃고 만다.

쓰레기통에서 꺼낸 빵이면 어떠랴! 빵 한 덩어리 속에도 농부와 제과점 주인의 정성이 듬뿍 담겨서 좋다. 대자연의 축복으로 열매 맺은 하나님의 손길이 감사해서 맛있게 먹는다.

요즘 아이들은 교회에서 불과 200~300m 거리에 있어도 걸어오기를 싫어한다. 교회 차량을 자기 집 앞마당까지 운행하지 않으면 교회에 나오지 않겠다고 튕긴다. 허 참, 어쩌면 좋을까? 이런 아이들이 앞으로 한국 교회의 미래를 책임질 수 있을까?

한국이 지금 '풍요의 저주'에 걸렸음이 그대로 드러난다. 풍요의 저주란 풍요로움 속에 살면서 풍요를 풍요로 느끼지 못하고 늘 부족하고, 가난하다고 느끼고 배고픔을 느낀다는 아이러니다. 입이 고급이 되어 빵을 버리는 아이도 문제지만 우유를 집에 갖고 오지 못하게 하는 부모도 문제다. 그 아이나 그 부모가 감사하면서 살까? 그런 사람들일수록 작은 일에 흥분하고 따지고 덤비고 작은 손해에도 목숨 걸고 달려든다.

과잉은 꿈을 꾸게 하지 않는다

　　　　　　　　요즘 자녀는 꿈도 없고 비전도 없고 미래도 없고, 어떤 에너지도 없는 존재가 되었다. 꿈에서 끔이 되고 말았다. 요즘 아이들이 꿈을 상실하게 된 이유는 일명 2만 불의 저주에 걸렸기 때문이다. 그 부모 세대는 2만 불이 안 되었던 시절에 살았기 때문에 살아남는 것, 가난에서 벗어나는 것, 잘 살아 보자를 외치고 살아가는 것이 목표였고 사회적 분위기였다. 그러나 2만 불 목표 달성 이후에는 행복의 조건, 존재의 조건이 되었던 그 요소들이 무의미해졌다. 또한 2만 불 달성 이후에 태어나 자란 세대는 풍요 속에서만 자랐기 때문에 풍족함 속에 살면서도 정작 풍요로움을 못 느끼고 산다. 언제라도 주어지는 밥과 안식이 있기 때문에 일을 해야 할 이유도 없다. 그러다 보니 육체적으로도 정신적으로도 살만 피둥피둥 쪄서 아무것도 못하는 존재로 전락했다.

　꿈을 되찾는 방법은 굶기는 것이다. 체질을 개선하기 위해서도 가장 먼저 하는 일이 단식이다. 다른 체질로 바꾸기 위해서는 먼저 기존 체질의 묵은 것을 다 벗겨내고 선식을 하거나 채식으로 바꾼다. 시골에선 양계장의 폐계를 아주 싸게 구입해서 몇 년 동안 다시 알 낳는 닭으로 활용하는 사람들이 있다. 일단 싼 값에 구입해 온 폐계는 일체 모이를 주지 않고 삼사일을 꼬박 굶긴다. 항생제와 농약이 든 각종 사료를 먹고 꼼짝달싹 못 하는 좁은 공간에 인공조명의 강렬한 불빛까지 비치는 곳에서 기계처럼 알만 생산하던 닭의 체질을 바꾸기 위한 작업이다. 3~4일을 굶긴 닭에게 순수 곡식 모이를 다시 주고 마당과 논밭으로 자유롭게 풀어 놓아 마음껏 돌아다니게 한다. 주인이 주는 모이도 먹고 땅을 파서 지렁이를 잡아먹고 지네와 같은 벌레도 잡아먹는다. 그렇게 시간이 조금 지나고 나면 빠졌던 털이 다시 나고 살이 붙기 시작하면서 다시 알을 낳는다. 양계장에서 사 온 폐계는 마치 이십대 초반 여성에게 폐경이 찾아온 것과 같았던 것이다.

정신적 체질 개선도 일단은 굶어야 한다. 이전에 살아왔던 모든 삶의 형태, 사고방식을 버려야 한다. 그런 면에서 여행을 보내는 것, 익숙하지 않은 일을 하는 것, 노동을 하고 불편한 것을 해 보는 것, 이곳저곳을 돌아보는 일, 힘들고 어렵게 사는 사람들의 삶을 보고 듣고 경험하게 하는 일 등이 필요하다. 그래서 초등학생 정도만 되면 14박 15일의 '국토순례대행진'이나 '해병대 캠프' 같은 프로그램에 참여시키는 것도 아주 좋다. 집에서 하는 언행이 통하지 않는 환경일수록 좋고, 왕처럼 살 수 없는 환경이면 더더욱 좋다.

과잉은 게으름을 낳는다

몇 년 전 뉴질랜드 북섬 해밀턴에서 2주를 보낸 적이 있었다. 그곳은 가히 천국이라 불릴 만한 자연환경이었다. 영화 〈반지의 제왕〉이나 〈호빗〉을 통해 화면으로 보았던 풍경 그대로였다. 뉴질랜드와 나란히 위치하는 호주도 비슷한 자연환경이라고 한다. 그러나 자연환경이 좋은데도 호주에서 양봉은 별 효용성이 없다고 한다. 12월~1월이 여름인데 우리나라 초여름 정도로 시원하고, 6~8월이 겨울이라고 하는데 겨울이라고 해봤자 우리 나라의 가을 날씨 정도라고 한다. 사계절 내내 초록풀이 자라나고 늘 꽃이 피어 있다. 사방에 꽃이 있다는 말은 양봉업자 입장에선 천혜의 조건이다. 이것을 본 유럽 사람들이 호주에서 양봉을 하면 대박을 칠 것이라고 생각했다. 실제로 벌통을 옮겨 놓으니 그 해 유럽에서보다 몇 배나 많은 꿀을 채취할 수 있었다. 그런데 문제는 그 다음해였다. 벌이 더 이상 꿀을 따러 가지 않았다. 언제라도 나가면 꽃이 있고, 언제라도 먹을 것이 있는데 굳이 꿀을 따서 저장할 필요가 없었던 것이다.

이순신 장군은 '궁즉통(窮卽通)'을 강조했다. 거북선도 궁즉통의 결과물이었고 12척의 배로 330척의 왜선을 물리친 것도 궁즉통의 결과였다. 따라서 교육이란 아무리 안전하고 풍족해도 간간이 궁한 상황 속에 있어보는 것이고, 궁한 상황이 닥쳐올 때를 대비하는 것이다. 그것을 모르고 현재 상황에 안주한다면 정말 불쌍한 존재다. 더구나 학교를 다니고 있는 기간은 인생의 준비 기간이다. 그 시기에 무엇을 준비하지 않으면 성인이 되었을 때 무능한 존재가 될 수밖에 없다. 인생 준비 기간에 단지 공부만 해야 한다는 건 아니다. 공부 외에 다양한 것들을 경험하고 재능을 쌓은 자녀일수록 세상이란 무대에 올랐을 때 빛을 발할 수 있다. 요즘 아이들은 자기 인생을 위한 준비를 제대로 하지 않는다. 궁해본 적이 없는 자녀들은 안락의 덫에 걸려 게으름의 노예가 되었다. 사실은 무능한 존재인데 그것을 인정하지 않으려 피해자 행세를 하고 상처타령을 하고 부모를

왕이 된 자녀 싸가지 코칭

원망한다. 그래서 부모가 독립적인 자녀를 만들지 못하면 아이는 자신의 왕국에서 왕처럼 살고 부모는 무수리처럼 사는 것이다.

과잉의 상징 어린이날

이젠 어린이날을 없애야 할 때다. 오히려 어린이날이 아니라 어버이날을 공휴일로 정해야 한다. 나라에서 법을 바꾸지 않는다면 각자의 가정에서 어린이날을 폐지해도 좋다. 원래 어린이날은 1923년 소파 방정환 선생을 비롯한 일본 유학생 모임인 '색동회'가 주축이 되어 만들었다. 처음에는 5월 1일로 정했다가 1927년에 5월 첫 일요일로 변경하였다. 1945년 광복 이후에는 5월 5일로 정하여 행사를 하여왔으며, 1961년에 제정, 공포된 아동복지법에서는 '어린이날'을 5월 5일로 하였고, 1973년에는 기념일, 1975년부터는 공휴일로 지정하였다.

백과사전에 보면 어린이날을 만든 목적이 1919년 3·1 독립운동을 계기로 어린이들에게 민족정신을 고취하고자 함이었다. 요즘 분위기와는 사뭇 다르다. 아이의 인권이나 존재가치가 폄하되는 시대에 한 인격으로 존중해 주자는 취지라고 의미를 붙여 보면 어떨까? 어린이날은 발달단계로 볼 때 전능자적 사고, 마술적 사고의 단계까지만 필요하지 추상적 사고의 단계에선 더 이상 필요하지 않다. 그러니 적어도 학령기에 접어든 자녀에게 어린이날은 필요 없다.

지난 2020년 5월 5일에는 내가 사는 백운호수 근처로 사람들이 엄청 모였고 교통 혼잡이 심했다. 직선거리 100미터를 두고 대형 장난감 할인 매장이 있는데, 어린이날 선물을 사러 온 부모들과 아이들이 한꺼번에 몰렸기 때문이다. 어린이날이니까 선물을 사 주는 것은 이상할 게 없지만 어린이날이니까 당연히 선물을 사 줘야 한다는 부모의 생각이나 어린이날이니까 당연히 선물을 받아야 한다는 아이의 생각은 문제다.

유대인들은 1년에 한 번씩 초막절을 지낸다. 대충 얼기설기 만든 초막에서 3대가 모여 생활한다. 불편하기 짝이 없는 시간들이다. 발효되지 않은 거친 음식에 화장실이며 씻는 것, 잠자리 등 모든 것이 불편하다. 또 가족이 다 모이면 집안의 가장 어른인 할아버지가 손주들까지 모아놓고 자신들의 역사를 가르친다. "우리의 조상은 이집트의 노예였다."는 말로 시작하여 자신들의 뿌리를 생각한다. 그리고 지금 공부하지 않으면, 지금 정신 차리지 않으면 다시 노예가 될 수밖에 없다는 것을 상기시킨다.

독립시키려면
분리하라

황제처럼! 원숭이처럼! 노예처럼!

"자녀가 갓난아기 때는 황제처럼 모시고, 어릴 때는 원숭이처럼 놀아주고, 다 큰 자녀는 노예처럼 부려 먹어라." 나는 부모교육 때 이렇게 외치게 한다. 학부모들은 속이 시원하다고 한다. 그동안 수많은 강의를 들었지만 이렇게 말해주는 강사는 처음 본단다. 여기서 주목할 것은 노예처럼 부려 먹으라는 부분이다. 아마 이 말의 뉘앙스 때문에 아동학대가 아니냐며 반문하는 분도 있을 텐데 노예처럼 부려 먹을 시기의 자녀는 아동이 아니라 다 큰 어른이라고 봐야 한다. 시키는 입장에서 부려 먹는다는 표현을 썼지만 오히려 다 큰 자녀 입장에선 자발적 행동이요, 충분한 능력에서 나오는 행동이요, 그렇게 함으로써 자신에게도 더 큰 기쁨과 행복이 되는 행동이다.

발달단계, 생애주기, 인생주기, 인생의 4계절, 욕구단계설, 도덕발달론, 사회발달론에서는 인간이라면 누구에게나 일생을 통해 수행해야 할 발달과업이 있다고 말한다. 따라서 부모는 자녀의 발달단계에 맞는 양육과 교육을 시행해야 한다. 단, 한 가지 짚을 것은 우리가 알고 있는 발달단계에 대한 이론들이 요즘과 맞지 않는다는 점이다. 발달단계 이론들은 아주 오래 전 것이라 현대인들에게 적용하기엔 다소 무리다. 게다가 요즘 사람들의 평균 수명이 길어지는 바람에 생애주기 구간이 달라졌고, 첨단 과학 문명의 혜택을 입고 태어난 아이들은 얼마나 조숙해졌는지 유치원에 다니는 자녀 정도면 모르는 게 없고 부모의 말에 또박또박 따지며 덤비고 초등학생만 되어도 감당불가다.

이 책에서는 자녀의 발달단계를 세 단계로 구분하였다.

전능자적 사고의 단계(영아기)

첫째, '전능자적 사고'의 시기로 아이가 전능자(황제)인 단계다. 의무는 0%, 오로지 권리만 100% 제공되는 시기로 돌 전후나 언어를 본격적으로 사용하기 이전의 초기 유아기까지이다.

이 단계는 초기 양육자와의 관계 경험이 일생동안의 자아상에 영향을 미친다는 대상관계 이론, 애착 이론과 같다. 엄마와 아기 사이에는 애착을 형성하는 결정적 시기(critical period)가 있기 때문에 이 시기를 놓치지 않는 것이 중요하다. 그 결정적 시기에 애착을 형성하지 못하면 나중에 어른이 되어서도 문제가 된다. 요즘 젊은 부모들은 애착형성에 무던히도 애를 쓴다. 엄마들은 정말 이 부분에 세계 최고다. 아빠들 역시 세계 최고다. 며느리나 사위 본 부모들은 젊은 부부가 함께 육아에 쏟는 정성을 보며 탄복한다. 특히 남편들이 자발적으로 참여하는 열의는 정말 대단하다. 이미 육아는 여자만의 몫이 아니라는 사회적 분위기가 형성되어 있어 KTX역이나 공공장소의 남자화장실에도 기저귀 교환대가 설치되어 있다.

이 시기의 아기는 황제가 되고 부모는 신하나 무수리로 떨어진다. 물론 돌보는 주체의 자발적 헌신과 선택이기 때문에 아주 행복한 시간들이다. 이때의 아기는 황제 중에서도 폭군이다. 사극을 보면 신하들은 등청도 하고 퇴청도 한다. 어디가 아프면 임금이 어의를 보내거나 탕약을 보내기도 한다. 그런데 이 황제는 그런 배려가 전혀 없다. 오로지 자신의 필요만 충족하려 한다. 뭐든 원하는 것은 즉각 이뤄져야만 한다. 조금이라도 수틀리면 빽빽 운다. 그래서 이 시기에 아기가 느끼는 느낌을 "세상이 다 내 손 안에 있어(The world is my oyster.)."라고 한다. 우리 정서에서는 선뜻 이해가 안 되지만 굴이라는 걸 마음껏 주무를 수 있다는 것에서 마치 전능자와 같다

왕이 된 자녀 싸가지 코칭

는 느낌을 표현하는 말로 보인다. 원하기만 하면 주변에서 다 '알아서' 맞춰주기 때문이다. 그것도 울음이란 도구 하나만 가지고 있으면 된다. 자기는 그냥 울었을 뿐인데 돌봐주는 사람이 그 울음에 담긴 메시지를 정확하게 파악해서 기저귀 갈아주고 얼러주고 달래주고 수유하고 트림시켜준다. 온도와 습도도 맞춰주고 목욕도 시켜준다. 사람이 일생을 살면서 가장 편한 시기이다. 물론 더 편한 곳은 엄마의 뱃속이다. 심리학의 아버지 프로이트(Sigmund Freud)는 "모든 사람은 모태 회귀본능이 있다."라고 말했다. 그래서 사람은 힘든 상황 속에 놓였을 때나 나이가 들어갈수록 고향을 그리워한다.

이 시기의 가장 중요한 발달 과업은 애착이다. 애착 형성 여부에 따라 자아상이 형성되기 때문이다. 좋은 돌봄을 통해 애착 형성에 성공하면 긍정적 자아상을, 부적절한 돌봄과 누락된 돌봄, 때론 학대까지 동반된 돌봄을 받으면 부정적 자아상을 만든다는 것이 이 이론의 핵심이다. 한국에서 어머니와 자식의 관계가 아버지와 자식의 관계보다 더 끈끈한 것은 주양육자인 엄마와의 강한 애착이 형성되어서이다. 내가 어렸을 때만 해도 생존이 급한 시기였기 때문에 아버지로부터 그린 애착관계를 맺을 수 있는 여건이 아니었다. 그래서 아버지와 대면할 때는 뭔가 어색하고 살가운 느낌이 안 든다. 물론, 아버지들 역시 여유가 있었더라도 가부장적인 문화가 지배적이었던 시대라 사랑을 표현하거나 살가움으로 다가오진 않았을 것이다.

요즘은 아예 반대인 경우도 많다. 아이가 다쳤거나 무섭거나 무슨 일이 생겨 반사적으로 엄마를 찾을 자리에 아빠를 먼저 찾아간다. 이때는 아빠가 좋은 대상(Object)이다. '결정적 시기'라는 용어는 애착이론이나 대상관계심리학의 선구자 역할을 했던 '각인이론'에서 나왔다. 《솔로몬의 반지》라는 책으로 유명하고 이 이론으로 노벨상까지 받았던 오스트리아의 동물행동학자 콘라드 로렌츠(Konrad Lorenz)를 중심으로 한 학자들의 이론이다. 동물의 새끼는 어미를 통해서 어떤 행동습성을 배우거나 익히는데 결정적 시기가 있어서 특정한 시기에 반드시 이수해야 할 과업이 있다는 이론이다. 1996년에 개봉된 〈아름다운 비행(Fly Away Home)〉이라는 영화가 각인이론을 바탕으로 만들어졌다.

주인공이 호숫가에서 집에 갖다 놓은 거위 알이 부화되는 것을 지켜보는데, 알에서 깨어나는 거위는 처음 본 대상을 어미로 인식하기 때문에 주인공 에이미는 새끼 거위들의 어미로 각인된다. 그래서 거위가 사람을 따라다니는 진풍경이 연출된다. 결국 먼 곳으로 보내야 했기에 나중에 경비행기까지 만들어 거위들의 비행을 이끈다는 내용이다. 거위에게 결정적인 시기가 있듯 사람도 마찬가지라 그 시기를 놓치면 발달과업 수행에 실패한다는 애착이론과 대상관계 심리학이 등장하게 되었다.

마술적 사고의 단계(유아기)

둘째, 마술적 사고의 단계로서 권리 50% 대 의무 50%이다. 아이에게도 적절한 역할, 의무를 부과하

왕이 된 자녀 싸가지 코칭

기 시작할 시기다. 대략 유아기까지라고 보면 좋고 조금 높게 잡는다면 초등학교 저학년 정도까지다. 요즘 아이들은 조숙하기 때문에 초등학교만 들어가도 부모들이 버거워 한다. 그때부터 다루기가 보통 어려운 게 아니다. 그래서 학령기에 해당하는 초등학생은 마술적 사고의 단계가 아니라 세 번째 단계인 추상적 사고 단계에 이르렀다고 봐야 한다.

이 시기의 발달과업은 친밀감이다. 친밀감을 형성하기 위해서 부모는 아이와 원숭이처럼 놀아주는 시간을 많이 가져야 한다. 부모는 아이의 눈높이와 수평 레벨로 맞추어 친구와 같은 존재가 된다. 이때의 아이는 자기를 중심으로 세상이 돌아간다고 느끼며 부모는 아이의 필요를 채워주는 존재다. 그래서 학령기 이전의 자녀가 문제를 일으킬 때 가끔 부모 중 한 사람과 단둘이 데이트 하는 시간을 가지라고 조언을 해 준다. 꽤 효과 있다. 모든 아이는 부모를 독차지하고픈 욕구를 가지고 있어 부모를 독차지한 것만으로도 충분히 내적 에너지를 채운다.

마술적 사고 단계, 매직(magic)의 세계는 '비비디 바비디 부'와 같은 주문이나 세일러문의 매직봉과 같아 "내가 원하기만 하면 이뤄져."가 실현되는 시기다. 누구든 가정에서 귀한 자식, 왕자가 되고 공주가 되고 세상에서 가장 중요한 인물이 되는 시기다. 얼마나 신나고 짜릿하며 행복할까? 이 시기에는 산타클로스도 필요하고 요정도 필요하고 천사도 필요하다. 다만, 마술적 사고의 단계에서 너무 과도한 아이 중심은 문제가 된다는 것을 알고 있어야 한다. 이 단계의 행복을 대변하는 이미지는 놀이동산에서 회전목마를 타고 손을 흔들며 환하게 웃고 있는 모습일 것이다. 회전목마는 절대로 빨리 돌지 않는다. 영화 속의 이 장면은 안개 필터를 끼워 마치 꿈속같은 몽환적 분위기를 연출한다. 한때는 모든 드라마와 영화 속의 단골 소재였다. 아니면 롤러코스터를 타면서 즐거운 웃음과 놀람의 비명을 지르거나 양손을 번쩍 드는 모습이다.

그런데 이것도 초등 고학년으로 가면 바뀐다. 우리 집 아이들이 초등 고학년 때, 놀이동산에 한 번 가자고 했더니 말이 나옴과 동시에 "앗싸!"를 외치며 기뻐할 줄 알았다. 그런데 아이들의 표정이 어쩐지 시큰둥했다. 놀이동산 싫으냐고 했더니 좋단다. 그런데 왜 시큰둥하냐고 물었더니 아이들이 잠깐 입술을 씹으면서 이렇게 말했다. "놀이동산 다녀오는 교통비와 식사비, 간식비, 그리고 자유이용권 구매 금액을 계산해서 따로 주시면 안 될까요?" 아이들에게 놀이동산은 더 이상 부모랑 같이 갈 장소가 아니었다. 대신 친구들하고 같이 가겠단다. 초등 고학년이면 이미 아이의 관심이 또래집단으로 가 있는 단계이니 당연했다. 놀이동산도 어릴 때는 부모에게 이끌려 갔지만 지금은 자신의 선택에 의해서 놀이기구도 탈 것이고, 또 엄마랑 같이 가본들 엄마가 탈 수 있는 놀이기구가 몇 개 안 된다는 사실을 알기 때문이다. 내 아내는 바이킹 한 번 타고 죽을 고생을 한 후로는 TV나 영화에서 바이킹 타는 장면만 봐도 어지러움을 느끼고 토할 것 같다며 고개를 가로젓는다.

다 큰 자녀 문제로 여러 상담센터를 전전하다가 나를 찾아오는 부모들은 처음에는 적잖이 당황한다. 일반 상담실이나 다른 청소년 단체에서 일러주는 처방이 "아이가 원하는 대로 해 주라."였는데 나에게 오면 "부모가 원하는 대로 이끌어가라."고 정반대의 이야기를 하기 때문이다. 상담실에 다녀와서 "아이가 원하는 대로" 처방을 실행하면 아이는 더 기고만장해진다. 점점 더 큰 권력의 주체가 되고 부모는 더 천한 것으로 전락한다. 상담실에선 부모가 문제라고 하니 아이는 자기 행동에 대한 정당한 명분을 더 얻게 된다. 상담사가 한 말을 가지고 부모를 공격하는 자녀도 있다. "거 봐! 전문가도 엄마 아빠가 문제라고 하잖아!"라고 말해 오면 부모는 할 말이 없어진다.

"아이가 원하는 대로"의 처방은 아이 상처가 마술적 사고의 시기에서 발생되었다면 유효하지만 다 큰 자녀에게는 통하지 않는다. '결핍'의 시대에 통하는 이론이지 '과잉'의 시대에 통하는 이론이 아니다. 갓난아기일수록 아이 중심이지만 커갈수록 부모 중심으로 이동해야 한다. 한국 부모의 문제는 갓난아기나 유아기 정도에서 사용해야 할 자녀 지침을 학령기 이상을 넘어 다 큰 자녀에게도 계속 사용한다는 것이다. 쓸모없는 에너지 낭비요, 아이는 사랑이란 이름의 학대를 받는 것이요, 아이를 왕으로 보시고 스스로 종으로 처신하는 행위다.

추상적 사고의 단계(학령기)

셋째, 추상적 사고단계다. 이때는 아이가 부모의 눈높이를 맞추는 시기다. 부모가 종처럼 낮아지거나 친구처럼 눈높이를 맞춰주었던 시기가 아니라 부모는 원래의 자리인 윗자리로 가고 자녀는 원래 자리인 아래에 위치하는 것이다. 그래서 권리와 의무의 비중은 선의무 100% 후권리 100%다. 이때부터 자녀는 자신이 권리를 얻기 위해서 의무를 먼저 이행해야 한다. 그냥 당연히 주어지는 것은 없다. 가족 내에서의 자기역할은 물론 자기 인생을 만들어가는 준비과정의 발달과업을 이뤄야한다.

이 시기부터는 아이를 어른으로 생각해야 한다. 자녀는 두 번의 탄생이 필요하다. 엄마 품 안에서의 양육이 1차 탄생이고, 엄마 품 밖으로 보내는 독립을 위한 교육이 2차 탄생인데, 독립할 때는 추상적 사고로 무장된 능력자가 되어 있어야 한다. 추상적 사고는 깊은 사고가 필요하고 깊은 사고를 하기 위해서는 독서와 토론이 필요하다. 시간이 오래 걸리는 작업이다. 이 시기는 생물학적으로도 이미 어린애가 아니다. 요즘은 여자 아이들의 경우 초등 고학년만 되어도 생리가 시작된다. 생리를 시작한다는 말은 가임연령이란 뜻이고 가임연령이란 이미 성체가 되었다는 뜻이다. 다만 우리 사회가 사회화 기간, 즉 인생 준비 기간으로 만든 학교교육으로 인해 만 19세 이전까지를 미성년자라고 규정했을 뿐이다. 생물학적으로는 이미 성년인데 사회적으로 미성년자인 셈이다.

아이가 추상적 사고의 단계로 올라서도록 하는 일 중 하나가 생일 문화 바꾸기다. 자녀가 최소 초등학교에 입학했다면 생일 문화부터 바꾸어라. 1단계 전능자적 사고의 시기나 2단계 마술적 사고에서는 아이가 주인공이니 왕자대접 공주대접을 해 주어도 좋다. 생

　　　　　　　　　　　　　　　　　왕이 된 자녀 싸가지 코칭

일 파티도 해 주고 선물도 사 주면서 자신이 최고가 되는 느낌을 가지게 해 주어라. 그런데 추상적 사고 단계에서의 생일은 아이가 부모에게 감사하는 날로 바뀌어야 한다. 왜냐하면 생일은 축하를 받는 게 아니라 생명을 주신 부모에게 감사하는 날이기 때문이다. 생명을 부여받은 아이가 생명을 주신 부모에게 감사하는 게 당연하다. 부모에게 작은 선물을 하도록 하고 최소한 감사편지라도 쓰게 하라. 그렇게 하면 아이들도 당연하게 받아들인다.

우리 집은 내 생일과 아내 생일 때 그렇게 해 왔다. 어르신들이 감동하신다. 생일 아침에 스피커폰으로 통화를 한다. "할아버지 할머니! 우리 엄마(아빠) 낳아 주셔서 감사합니다.", "장모님 낳아주신 예쁜 딸 덕분에 제가 혜택을 보고 삽니다. 감사합니다."라고 인사한다. 그렇게 전화를 하면 미처 놓치고 있었던 생일도 새삼 확인하게 된다. 그렇게 했더니 아이들도 자기 생일에 우리에게 감사편지와 작은 선물을 한다.

말이 나온 김에 "생일 축하합니다."라는 엉터리 말도 짚고 넘어가자. 생일은 축복(祝福)하는 것이지 축하하는 게 아니다. 하(賀)의 의미는 어떤 큰일을 수행했거나 업적을 날성했을 때 사용한다. 사극에서 "하례드립니다.", "경하드립니다."라는 표현을 들어본 적 있을 것이다. 그런데 생일은 부모님의 수고에 의해 태어난 것이지 자기가 애쓴 것은 아니기에 축하받을 일이 아니다. 결혼도 마찬가지다. 물론, 어렵게 결혼에 골인하는 경우라면 조금 다를지 몰라도 결혼은 두 사람이 행복하게 살도록 축복하는 게 맞다. 졸업은 학과의 전 과정을 이수해 냈으니까 축하하는 게 맞다.

자녀 양육과 교육은 자녀의 발달단계와 맞아야 한다. 나이에 따라 발달 과업을 달성하지 못하면 나잇값을 못한다고 손가락질당하고 어른으로서의 무게를 잃는다. 내 자녀가 행복하고 성공하기를 바란다면 추상적 사고의 단계까지 올라갈 수 있도록 교육하라. 그러려면 아이가 듣든지 안 듣든지 부모 입장에서 마땅히 가르칠 것을 가르치고 할 말은 하고 바로 잡을 것은 바로 잡아라. 그 내용들이 쌓일 만큼 쌓이면 효과가 나타난다.

독립의 두 기능,
자기보호기능과 사냥기능

요즘 부쩍 늘어나는 자녀들의 조현병(정신분열증)을 보면서 많은 생각이 든다. 병의 원인과 증상에 대해서 임상적인 정의가 있겠지만 내가 보는 관점은 자기 앞가림을 못하는 병이다. 자기 생각, 피해자증후군과 형평강박에 사로잡혀 있으면서 정작할 수 있는 것은 아무것도 없는 무능한 자녀에게서 나타난다. 이들은 대체로 생각하는 힘이 결여되어 있고 남의 말을 들을 줄 모르거니와 들으려고도 하지 않는다. 생각의 고착이 불러온 병이다. 자녀가 안락만 추구하다보면 익혀야 할 기능을 익히지 못해 결국 '시련'을 만났을 때 헤쳐나가지 못하고 도망간다. 고급 도자기를 만들 수 있는 재료를 가지고 질그릇밖에 못 만든다면 얼마나 속상할까?

독립의 첫째 기능은 자기보호기능이다. 부모의 보호가 필요한 시기가 있고 자기 스스로를 보호해야 할 시기가 있다. 독립을 위해 선 자기를 보호할 줄 알아야 한다. 동물의 자기보호기능은 몇 가지가 있다. 사자나 호랑이 같은 포식자는 강한 발톱과 이빨로 무장하고 미어캣은 항상 경계 태세로 서 있으면서 작은 위험만 감지해도 무조건 굴속으로 도망간다. 어떤 종류는 위장색을 사용한다. 또 천산갑이나 거북이, 고슴도치 종류는 적을 만나면 몸을 웅크린다. 그러면 외부의 딱딱한 껍질이나 가시로 인해 포식자로부터 벗어날 수 있다. 그 외에도 악취를 풍기는 종류도 있는 등 동물은 각기 자기 나름의 방식대로 자신을 보호한다. 사람도 자기를 지킬 줄 알아야 하는데 그렇지 못하면 잡아먹히고 만다. 다른 사람에게 무시를 당하든지 아니면 스스로를 심판한다. 그것이 자해나 자살이다.

독립에 필요한 두 번째 기능은 사냥능력이다. 어미를 떠나 독립하는 동물은 사냥능력이 필수다. 고양잇과 동물들은 잡아온 먹잇감을 새끼들이 자라는 시기에 따라 다른 방식으로 제공한다. 젖을 막 뗀 새끼들에게는 고기를 찢어 주지만 어느 정도 크고 나면 산 채로 던져준다. 쥐나 토끼, 톰슨가젤 새끼 같은 작은 크기의 동물들이다. 새끼들은 살아있는 것을 처음 보는지라 처음엔 선뜻 달려들지 못한다. 그러다 조금씩 다가가 다리를 뻗어 건드려 보고 도망가는 것을 다시 잡아오기도 하고, 공중으로 날리기도 하면서 두려움을 넘어서고 먹잇감들의 특징도 알게 된다. 그러는 사이 반사 신경과 근육이 발달해 사냥 능력이 길러진다. 독립할 시기가 되면 어미의 사냥에 동참시킴으로 현장 실습을 시킨다. 어릴 때부터 자녀에게 집안일을 시키는 것은 육식동물이 새끼에게 사냥법을 전수하는 것과 동일하다.

사실, 이것이 현대 가정의 자녀 문제다. 자녀가 독립할 시기가 되면 '자기보호기능'과 '사냥능력'이 있어야 하는데 과잉보호와 아이 중심 교육으로 인해 아이는 그럴 능력을 갖추지 못했다. 그러다 보니 세상으로 나아가지 못하는 두려움에 빠졌고 집이란 왕국에서 왕처럼 살다보니 게으름의 늪에 빠졌다. 어릴 때부터 스스로 해 본 적이 없기 때문에 다 컸음에도 불구하고 여전히 부모 등골을 빼 먹는 존재가 되고 부모로서는 이러지도 저러지도 못하는 자식을 죽을 때까지 모시고 살아야 한다.

왕이 된 자녀 싸가지 코칭

립스테이크 대신
책을 사 주어라

길거리를 지나는 초중고생, 특히 여
학생들의 얼굴, 머리 모양, 옷 입은 스타일은 똑같다. 겨울 아침에
학교로 들어가는 학생들의 모습을 보면 마치 펭귄 떼가 단체로 들
어가고 있는 것처럼 보인다. 까만 롱 패딩에 입술의 빨간색 립밤까
지 똑같다. 서로 오가는 대화 속에는 쌍욕이 기본이고 비아냥거리
고 깎아내리는 말, 빈정거리는 말, 은어, 비속어투성이다. 심지어 핸

드폰을 만지작거리는 모습까지 똑같다. 아이들은 그렇게 규격화됨으로 인해 사이보그나 인공지능 로봇처럼 행복을 느끼지 못하는 존재가 되었다. 행복이란 눈에 보이는 것들보다 눈에 보이지 않는 것들이 훨씬 더 많다. 눈에 보이는 물질적 세계도 행복에 영향을 미치지만 생존을 위한 기본적인 것들이 제공된 이후부터는 그렇게 큰 영향을 미치지 않는다. 그런데 아이들을 사육하는 교육에서는 지속적으로 물질적인 것들만 추구하도록 만들고 정신적인 것을 추구하거나 생각하지 못하는 존재로 만든다. 그래서 생각이라는 것이 없고 생각할 줄도 모르고 들을 줄도 모른다. 그런 까닭에 외모에 집착하고 몸매에 목숨을 건다. 압구정역에 내리면 지하철 역사부터 시작해서 주변이 온통 성형외과 광고다. 길거리로 나가면 성형외과들이 즐비하다. 곳곳에 성형 전후의 모델 사진이 나오는데 예쁘다는 생각보단 마치 공장에서 찍어낸 제품 같다는 느낌에 되레 혐오스럽다. SF공상과학 영화에서 사람을 복제하는 장면이 나오는데 내 눈에 광고 모델은 다 그런 제품으로 보인다.

사람이 밥만으로 살 수 없다는 것은 일찍이 성경을 비롯하여 수많은 현자들이 인간을 일깨웠던 가르침인데, 세상은 밥만으로 충분하다고 세뇌시켰다. 그래서 대한민국 TV는 온 채널이 다 먹는 방송이다. 먹거나 놀거나 두 가지다. 사육된 인간의 전형, 쾌락을 추구하는 인간의 전형이다. 사육된 부모는 자녀의 사육 환경에 대해서 아무런 이의를 제기하지 않는다. 오히려 안도의 한숨을 쉰다. 그저 자녀가 공부를 못하진 않을까? 뒤처지진 않을까? 하는 불안의 늪에 빠져 있다. 그 불안을 등쳐먹고 사는 세 가지 직업군이 있다. 점쟁이와 사이비종교, 그리고 학원이다. 학교 외에 학원, 그것도 학교 공부를 다루는 학원까지 존재한다는 것은 비극 중의 비극이다. 학교 교육만으로 충분해야 하고 학원은 학교에서 배울 수 없는 것을 배우는 곳이어야 할 텐데 오로지 학교의 연장선상에서 밤낮없이 공부하느라 휴일도 없고 명절도 없다. 그것도 졸업하면 별 효용적이지 않은 연역법 중심의 주입식 공부만 한다는 건 얼마나 큰 손실인지 모른다.

립스테이크 대신 책을 사 주어라

립스테이크는 패밀리 레스토랑의 인기 메뉴다. 자녀들에게 맛있는 음식을 먹이는 것도 중요하다. 그런데 유대인은 '옷을 팔아 책을 사라.'를 실천한다. 책을 읽는 것은 정신적 영양실조, 정신적 아사에 빠지지 않도록 하는 일이다. 그래서 정신적으로 풍요로운 사람, 기본 교양이 잘 형성되는 사람은 언제 어디서 무슨 일을 하고 누구를 만나도 유능한 존재, 꼭 필요한 존재가 된다. 그럴 때 자기효능감을 느끼고 살맛나는 인생을 살게 된다. 그래서 책을 읽는 습관을 들여 준 부모는 자녀에게 최고의 선물을 안겨 준 셈이다.

나는 싸가지 코칭을 할 때 가족회의를 하라고 하는데 그 시간이 너무 딱딱할 수 있으니 가족회의가 문화로 정착되면 독서하는 시간도 가지라고 한다. 그때 추천해 주는 책이 톰 버틀러 보던이 쓰고 오강남이 번역한 《내 영혼의 탐나는 ○○○》(흐름출판사, 2009)시리즈다. 《내 영혼의 탐나는 심리학 50》, 《내 인생의 탐나는 자기계발 50》, 《내 영혼의 탐나는 영혼의 책 50》으로 각 권 50꼭지로 이뤄져 있다. 한 권이면 1년 치 분량이다. 한 꼭지가 2~3페이지 정도이기 때문에 다 같이 읽어도 그리 오래 걸리지 않는다.

또 자녀가 초등학교 고학년이 되었다면 이원복 교수의 만화책 《신의 나라 인간나라》 시리즈도 좋다. 《신의 나라 인간 나라-철학》, 《신의 나라 인간나라-신화》, 《신의 나라 인간나라-종교》 세 편이 만화로 되어 있어서 아이들이 읽기에 부담이 없다. 그래서 가족회의를 할 때마다 한 꼭지씩 읽고 그 내용을 가지고 서로 토론하면 좋다. 립스테이크 한 번 덜 먹고 가족 수대로 책을 사서 가족회의를 할 때마다 읽는 시간을 가져보라. 글 읽는 연습, 요약하기, 발표하기, 토론하기, 자기 생각 알리기, 다른 사람 의견 듣고 종합하기 등 모든 실력이 향상되는 시간이다. 가족의 문화도 되고 독서습관도 길러주는 탁월한 방법이다.

풍족함이 아니라 부족함에서 눗을 세운다

미국 캘리포니아는 나무에 관한 세 가지 기록을 가지고 있다. 세쿼이아(Sequoia) 국립공원의 가장 부피가 큰 나무, 레드우드(Redwood) 국립공원의 가장 키가 큰 나무, 슐만 그로브(Schulman Grove:슐만의 숲)의 가장 오래된 소나무다. 그 중 슐만의 숲에서 자라는 가장 오래된 소나무 브리슬콘에 관한 이야기다. 애리조나 대학의 에드먼드 슐만(Edmond Schulman)이라는 학자가 1939년부터 1955년까지 이곳에 사는 나무들의 나이를 연구했는데 해발 3,000m 이상의 고지대에서 자생하고 있는 브리슬콘 소나무 중에 가장 오래된 것이 약 4,800여 년이 넘었다는 것을 밝혀냈다고 한다. 슐만 박사는 성경 창세기에 969세까지 살았다는 므두셀라의 이름을 따서 가장 오래된 나무를 므두셀라라고 불렀다. 혹한의 날씨와 사나운 바람, 적은 강수량 등 가장 나쁜 생존 조건 속에서 살아남은 강인한 나무다. 사실 열악한 환경이 아니었다면 그렇게 강해지지 못했을 수도 있다.

KBS 〈강연 100도씨〉라는 프로그램에 의대생 박진영 씨가 출연해서 "하루 6시간도 공부할 수 있게 되었어요."라는 주제로 강연을 했다. 그가 말한 내용이다.

"정말 힘들어 수백 번 포기하고 싶었지만, 나 같은 사람도 성공할 수 있다는 걸 세상에 보여주고 싶어 그럴 때마다 더 열심히 공부했어요. '이렇게 열심히 사는데…' 하늘이 정말 존재한다면 도와줄 거라 굳게 믿었어요. 그렇게 3년, 드디어 의대에 합격했어요. 할머니께 제일 먼저 말씀 드리니, 정말 기특해 하셨어요. 더 행복한 건 저와 비슷한 처지의 학생들에게도 제 합격이 힘이 될 거란 생각이었어요. 물론 앞으로 힘든 일이 더 많이 생길지도 몰라요. 아마 그럴 거예요. 하지만 전 이런 경험들에 항상 감사해요. 한겨울, 할머니를 모시고 노인정에 살았을 때, 쌀을 불려먹으며 끼니를 때울 때, 이런 모든 고생과 경험이 다 귀한 재산이 되어 지금의 절 있게 했거든요.

왕이 된 자녀 싸가지 코칭

덕분에 앞으로 더 힘든 일이 생기더라도 잘 살 수 있을 거란 자신감도 생겼어요. 지금까지 어떤 힘든 일에도 지지 않고 버텨온 것처럼 앞으로도 그렇게 살 겁니다. 저처럼 벼랑 끝에 서있는 누군가를 잡아줄 힘이 돼주고, 우리 할머니처럼 힘들고 어렵게 사시는 분들을 돕는 그런 멋진 의사가 되고 싶습니다."

자녀의 사춘기는 부모가 춤추며 기뻐할 때

사례) 사춘기 없이 큰 아들이어요.

유명 호텔의 요리사로 일하는 아들을 둔 L씨는 자기 아들이 사춘기를 겪지 않았다고 말한다. 그의 아들은 초등학교 1학년 때부터 요리사가 되겠다고 공언했다. 그때부터 아이는 주방에서 엄마 일도 도와주고 칼질, 설거지, 시장보기 등을 도맡았다. 뭐든 자기가 직접 해 보겠다고 나서고, 틈만 나면 요리와 관련된 영상을 보고 책을 읽고 요리를 했다. 그 아이가 초등학교 5학년 때는 엄마의 생일상을 차리고 엄마의 친구들을 초청했다. 미역국은 기본이고 웬만한 주부 이상의 실력으로 차려낸 밥상이라 친구들의 부러움을 샀다. 요리 전문 고등학교에 진학했고 대학을 가지 않고 바로 취업했다. 엄마는 아이가 사춘기를 겪지 않았다고 말하지만 아이는 제대로 사춘기를 지난 것이다. 자신의 방향을 명확히 정했다면 반항하거나 무례하게 굴 이유가 없다. 정체성이 분명한 자녀는 반항하지 않는다. 또 정체성이 분명할수록 내적으로 성숙되어 있어 혹의견 충돌이 있어도 협상을 통해 풀어갈 줄 안다.

한국의 부모들이 자녀에게 너무 손쉽게 발급하는 면죄부가 '사춘기'라는 말이다. 그 말 외에 '질풍노도의 시기'라든지 '반항기'라는 말도 있는데 성장과정의 지극히 당연한 현상이라는 뉘앙스를 담고 있다. 어느덧 다 큰 아이가 되어 부모에게 대들고 이기적인 행동과 자기고집대로만 하려는 행동들을 사춘기라는 이름하에 이해하고 수용해 준다. 늦여름이나 초가을에 올라오는 태풍처럼 여기며 그저 빨리 지나가기만을 바란다. 그러나 이런 사춘기는 당연한 현상도 아니고 면죄부를 줄 이유도 없다. 자녀가 진짜 사춘기를 겪는다는 말은 이제 부모에게 의존하는 존재가 아니라 독립된 존재가 되어간다는 뜻이니 기뻐하고 춤을 출 때다. 모든 사람은 사춘기를 겪는다. 그러니 걱정하고 고민하고 어려워할 때가 아니다. 왜냐하면 사춘기는 인생에 꼭 필요한 과정이기 때문이다.

사춘기라는 한자를 보자. '思春期' 생각할 사(思), 봄 춘(春), 기약할 기(期)로 '봄을 생각하는 시기'라는 뜻이다. 춘(春)은 봄을 지칭하니 거기에 여름, 가을, 겨울을 합해 춘하추동이 되면 사춘기(思春期), 사하기(思夏期), 사추기(思秋期), 사동기(思冬期)라는 말이 만들어진다. 인생을 4계절로 나눈 것을 교육학이나 심리학에선 인생발달주기, 생애발달주기라고 말한다. 생애발달단계에는 이수해야 할 발달과업이 있다. 그렇다면 사춘기의 발달과업은 무엇일까? 사춘기란 말 그대로 '봄을 생각하는 시기'인데, 자기에 대해서 생각해보는 시기로, 존재의 이유, 성별 정체성, 세상에 태어나 할 일, 좋아하는 것과 싫어하는 것, 선호자극과 혐오자극 등을 생각해 보는 시기이고 "나는 누구인가?(Who Am I?)"라는 가장 본질적인 물음을 통해 자기정체성을 확립하는 시기다.

반항이라는 개념은 이렇게 설명된다. 가령, 부모가 어릴 때부터 봐 왔던 자기 아이의 특성은 A였기에 그쪽으로 초점을 맞추어 교육했다. 그런데, 사춘기에 이른 자녀가 자기는 B쪽으로 끌린다고 한다. 부모는 A로 가라하고 아이는 B로 가려 할 때 "나는 B로 가고 싶지 A로 가고 싶지 않아요."라면서 A방향과 관계된 것은 하지 않고 B방향에 관계된 것만 추구하려 할 때 이것은 '반항'이라고 할 수 있다. 옛날 드라마의 단골소재였다. 기업의 사장이 후계자로 아들을 키웠는데 아들은 음악을 하겠다며 아버지의 뜻과 반대되는 행동만 하면서 자유로운 영혼의 소유자로 남기를 추구한다는 시나리오다. 그럴 때 아버지 입장에선 반항이지만 자식 입장에선 자신이 좋아하는 방향을 찾은 것이다. 그런데 요즘 아이들은 A로도 가지 않고, B로도 가지 않고 그 자리에 머물러 서서 아무것도 안 하려 한다. 그러면서 부모가 말하는 것은 무조건 싫다 하고 대들고 거역한다. 권리만 100% 찾고 의무는 이행하지 않으려 한다. 이것은 사춘기의 특성이 아니라 '싸가지' 없는 행동이다. 그리고 그 지리에서 아무것도 안 하고 있으면 정말 아무것도 아닌 존재, 무능한 존재, 아무 짝에도 쓸모없는 존재가 된다. 어느 날 철이 들어 세상으로 나가려고 할 때 자신의 무능력 앞에 좌절하게 되는 이유가 된다.

또 그것이 반항이라면 요즘 부모 입장에선 환영할 일이다. 그동안 부모가 바라본 아이의 방향이 A였는데 사춘기가 된 자녀가 B로

가고자 한다면 요즘 부모들은 A를 고수하지 않고 곧바로 B로 튼 방향을 인정하고 전폭적인 지원을 한다. A인줄 알았는데 아이가 스스로 B라는 방향을 찾았다면 부모 입장에서는 춤을 추며 기뻐할 일이다.

사춘기의 발달과업은 하기 싫어도 할 일을 하는 의지력의 형성이다. 학업이 되었든 다른 일이 되었든 하기 싫은 일도 끝까지 참고 해낸 자녀라야 어느 분야에 가든 능력을 발휘하며 세상을 살아갈 수 있다. "아이가 원하는 대로"라는 이론에 세뇌되어 "하기 싫은 일은 하지 마라."는 교육을 시행하면 아이를 무능력한 존재로 만드는 어리석은 지침을 따르는 것임을 기억하기 바란다.

사춘기는 과수원을 만들겠다는 사람이 땅을 확보해 놓고 어떤 과수를 심을지 결정하는 시기다. 사과를 심을지, 복숭아를 심을지, 포도를 심을지를 고민한 후에 결정을 내려야 다음 일을 할 수 있다. 선택한 과실이 포도라면 넝쿨이 뻗어나갈 수 있도록 T자형 꼴을 만들고 지지대를 세워줘야 한다. 다른 과일도 그 특성에 맞도록 과수원을 만들어야 한다. 그처럼 사춘기는 인생발달과업에 꼭 필요한 과정이다. 어떤 종류의 과실을 심든 기본적인 과수원의 모양새는 필수로 갖춰야 한다. 물을 공급하는 수로도 확보해야 하고 물을 빼는 배수 장치도 만들어야 하고 농약을 칠 수 있는 도로와 관리를 위한 시설 등도 만들어야 한다. 사춘기는 그 필수시설을 준비하는 과정이다. 그래서 "하기 싫으면 하지 마라."라고 교육하는 것은 기초 작업도 안 해놓은 과수원에 과일나무를 심기만 하면 풍성한 열매가 생길 것이라고 믿는 어리석은 행위다.

자녀의 사춘기에 부모가 춤을 추고 기뻐해야 할 이유는 자녀가 사춘기를 통해 인생의 사명과 소명을 발견하기 때문이다. 세상에 태어나 자신의 소명과 사명이 확고한 사람은 행복하다. 스위스의 사상가이자 법률가이며 《행복론》의 저자 카를 힐티(Carl Hilty)는 "인생에서 가장 행복한 날은 자신에게 주어진 사명(使命)을 발견하는 날이다."라고 하였고, 철학자 키르케고르(Søren Kierkegaard)는 "그것을 위해 살고 그것을 위해 죽을 수 있는 사명을 찾아야 한다."고 하였다. 그러니 사춘기니까 반항해도 된다는 면죄부는 어떤 근거도 없다. 면죄부가 아니라 철딱서니 없는 행동이요, 생각이 짧다는 것을 증명하는 행동이요, 무례한 것을 대변하는 행위일 뿐이다. 그러니 부모들은 이제 사춘기에 대한 면죄부를 철회하라.

만 가지 일을
시켜라

왕이 되어버린 자녀들 때문에 미국을 비롯한 유럽의 여러 나라들도 골치를 앓고 있다. 이들 나라에서 제시하는 대안은 어릴 때부터 집안일을 시키는 것이다. 집안일을 통한 작은 성취경험은 세상으로 나갈 수 있는 기본 능력을 갖추게 하는 아주 중요한 일이다. 그런데도 왜 부모들은 자녀들에게 집안일을 안 시킬까?

왕이 된 자녀 싸가지 코칭

사례) 원수처럼 싸우는 아이들

두 딸을 둔 엄마가 상담을 요청해 왔다. 연년생 둘이 원수도 그런 원수가 없다. 언니는 양보가 없고 동생은 버릇이 없다. 초등학교도 가기 전인데 저렇게 싸우는 모습을 보니 크면 어떨까 싶어 한숨만 나온다. 자기는 전생을 믿는 사람도 아닌데, 그 모습을 보면 진짜 전생에 철천지원수였던 둘이 한 집안에 태어났다고 생각될 정도다.

두 딸 문제는 과한 존중으로 인한 결과였다. 과도한 아이 중심교육은 자기라는 감옥에 갇히게 하며 배려와 존중을 모르는 사람으로 성장케 한다. 그러면서도 자기가 늘 억울하고 받은 게 없다는 '피해자증후군'의 노예가 된다.

나는 이 집의 해결책으로 집안일 시키기를 권했다. 심부름 같은 일도 각각 나눠시키고 특히 가족 전체를 위한 일을 시켰다. 심부름을 시키면 처음엔 "엄마는 왜 나만 시켜?"라고 반응하지만 그럴 때도 "일을 시키는 것은 엄마가 알아서 시키고 있어."라고 응수하게 하였다.

어느 날 저녁으로 수제비를 만들어 먹기로 하고 거기에 딸 둘을 참여시켰다. 강압적인 방법 대신 재미있는 시간으로 꾸몄다. 육수는 엄마가 준비하고 아이들은 반죽된 밀가루로 수제비 모양을 만들게 했다. 반죽은 세 덩이였다. 엄마는 일반 밀가루 반죽인 하양이, 큰딸은 부추 갈은 물로 반죽한 초록이, 작은딸은 당근 간 물을 넣어 반죽한 노랑이를 맡았다. 딸들에게 쿠키 틀을 주니 별모양,

반달 모양, 세모, 네모, 둥근 모양 등 여러 모양을 만들었다. 신나는 쪽은 아이들이었다. 그렇게 함께 반죽을 만지면서 이런 저런 이야기도 하고 자기들이 만든 결과물들이 음식이 되어 나왔을 때 "엄마, 이거 아까 내가 만든 거."라면서 한 아이가 자랑을 하면 곧 다른 아이도 자기가 만든 것을 보여주면서 자랑하였다. 식탁에 앉은 부모는 "어쩐지 맛있더라.", "어쩐지 예쁘더라."라며 호응했다. 아이들은 "엄마, 다음에도 꼭 불러 주세요.", "다음에도 같이 해요."라고 참여의지를 보였다. 일을 통한 성취감을 경험했고 다른 가족을 위한 수고가 결과로 드러나니 더 큰 행복을 느끼게 되었고 공동으로 하는 일을 통해서 앙숙같이 싸우는 빈도수가 현저히 줄었다.

집안일을 시키면
호기심과 주도성이 향상된다

에릭 에릭슨(Eric Erickson)의 인생발달 8단계 이론으로 볼 때도 마술적 사고의 단계에서 아이들에게 일을 시키는 게 맞다. 학령기 이전 자녀발달 과업은 '주도성과 죄의식'이다. 아마 엄마가 주방에서 일을 하고 있을 때나 아빠가 뭔가 하고 있을 때 "엄마 나도.", "아빠 나도."라면서 주방에 있는 음식물을 만진다든지, 아빠의 연장을 집어 드는 것을 본 적이 있을 것이다. 아이 입장에선 돕겠다고 오는 것이지만 안 도와주는 게 도와주는 것이라 보통은 만류한다. 그럴 때 귀찮고 힘들더라도 참여시켜야 한다. 그래야 아이는 주도성을 발달시키고 자기가 뭔가 쓸모 있는 존재라는 느낌을 갖게 된다.

부모 입장에선 안전의 이유, 그다지 도움이 되지 않는다는 현실적 이유로 아이를 거절하지만 정작 아이는 자신이 쓸모없는 존재라는 느낌을 갖고 그로 인해 죄책감을 갖는다. 청소년기, 성인자녀가 되어 "살기 싫다."라고 말하는 이면에는 자신의 가치가 효용 없다는 느낌이 들어 있다. 어릴 때 해 보고 싶은 일이나 주도성을 발휘할 기회를 박탈당했기 때문이다. 해 본 일이 없으니 할 줄도 모르고 해야 한다는 것도 모르고 주도성을 발휘 못했으니 그에 따른 성취감도 경험 못했고 성취감이 없으니 호기심도 사라졌다는 뜻이다. 인간은 어떤 일을 성취했을 때 자기효능감을 느끼고 더 잘하고 싶어진다. 어릴 때 일을 맡기는 것은 그런 기회를 제공해 주는 것이고 아무것도 안 시키는 것은 그런 기회를 박탈하는 것이다. 자녀로 하여금 호기심과 주도성을 갖게 한 부모는 자녀에게 인생의 가장 큰 선물을 안겨 준 셈이다. 학부모가 되면 그토록 원하는 것이 '자기주도학습' 아니던가? 지기주도학습의 원동력은 주도성과 호기심이다. 호기심이 있어야 공부가 재미있고 재미있는 공부라야 주도적으로 할 수 있다. 세상을 살면서 무슨 일이든 호기심을 느끼고 주도성을 가진다면 이 사람은 언제 어디서 무엇을 하든 행복한 사람이다. 항상 재미있고 살맛나고, 호기심이 생기고 그것을 충족하는데 언제 지루할 틈이 있을까?

또 이 시기에 일을 시켜야하는 이유
는 어릴 때부터 잘못을 인정하는 법을 배워야 하기 때문이다. 유아
기는 자기중심적이라 잘못을 인정하지 않는다. 특히 7세 이전의 유
아는 '잘못(wrong)', '죄책감(guilty)'에 대한 개념이 없다. 그래서 혹
아이가 크고 작은 사고를 쳤을 때 "이거 잘했어? 잘못했어?"라는
식으로 다그치면 아이는 대체로 망부석처럼 굳은 채 영문을 모르겠
다는 표정을 짓는다. "잘못했어요"라고 하는 경우는 혼나지 않기 위
해 그렇게 말을 할 뿐이지, 잘못에 대한 개념을 알아 뉘우치는 것이
아니다. 이미 학습을 통해서 그렇게 말해야 벗어난다는 것을 알고
있다. 그래서 아이의 잘못을 꾸중할 때는 아이가 알아듣든 못 알아
듣든 꾸중하는 이유에 대해서 설명해 주어야 한다. 급한 마음에 소
리를 지르거나 등짝 스매싱을 했더라도 왜 그랬는지에 대한 설명을
해 주어라.

잘못을 시인하지 못하는 유아들의 특성을 지칭하는 용어로 '스머
프의 거짓말'이 있다. 미국의 어떤 가정에서 서너 살배기 아기가 '개
구장이 스머프'를 시청하면서 간식을 먹다가 음료 컵을 엎어버리고
말았다. 엉망이 된 모습을 본 엄마가 화가 난 목소리로 "이거 누가
그랬어?"라고 다그치자 아기는 TV속 스머프를 가리키면서 "스머프
가 그랬쪄!"라고 말했다는 데서 나온 용어다. 그때 아기는 '잘못'에
대한 개념도 없고 현실 세계와 TV 속 가상의 세계를 구분하지 못하
기 때문에, 마침 자기 눈에 보이는 TV 속 스머프 짓이라고 말한 것

이다. 이때 엄마가 자녀의 발달단계에 따른 특성을 모르면 "머리에 피도 안 마른 녀석이 거짓말부터 한다."며 아이를 쥐 잡듯 할 수 있는 위험성이 다분하다. 괜히 아기 아빠까지 도매금으로 욕을 먹기도 한다. "하는 짓은 꼭 지 애비 닮아가지고…."

어릴 때부터 집안일을 시키면 책임지는 법도 배우게 된다. 모든 일에 서툰 아이들이 일을 하다 보면 실수가 생기기 마련인데 그럴 때 부모는 차근차근 설명을 해 주면서 실수한 일에 대해 끝까지 책임을 지도록 이끌어야 한다. 물건을 깨뜨렸다면 치우는 것을 시켜라. 지적보다는 왜 그것이 잘못인지에 대한 설명을 해 주어라. 그때 아이는 인지적 차원에서 이해한다기보다 그렇게 설명하는 엄마의 태도와 분위기를 통해 뭔가 자기가 잘못했다는 것을 알게 된다. 또 그렇게 설명을 해 주어야 자신의 '행위'와 '사건'이 문제지 '자기'가 문제가 아니라는 것을 인식하게 된다. 사건을 자기로 인식하면 나쁜 자아(bad self)를 형성하여 낮은 자존감의 소유자가 된다.

집안일은 자녀의 성공과 행복을 보장한다

포털 사이트 〈T-Times〉에서는 어릴 때부터 집안일을 시켜야 하는 이유에 대해 설명하고 있다.

2015년 통계인데, 미국 성인남녀 1001명 중 자녀에게 일을 시킨다는 부모는 28%뿐이었다. 한국은 거기에 점을 하나 찍어

2.8%가 아닐까? 한국은 자녀가 다 컸음에도 불구하고 일을 시키지 않는 희한한 나라이기도 하다. 발달심리학자 리처드 랑드는 2015년 3월 13일 〈월드 스트리트 저널〉에서 이렇게 말했다.

"오늘날 부모들은 아이들이 독서나 학교 공부처럼 성공에 도움 되는 일을 하며 시간 보내기를 원한다. 그런데 아이러니하게도 아이를 성공으로 이끄는 입증된 한 가지를 하지 않고 있다. 바로 집안일이다."

아이들이 어릴 때부터 집안일을 하게 되면 처음으로 내가 아닌 다른 사람을 위한 일을 하면서 남을 돕는 일의 중요성을 배우고 성취감과 책임감, 자립심까지 기를 수 있기 때문이다. 즉 사회적으로 성숙한 사람을 만드는 것인데 딱 한 마디로 하면 인성교육이다. 그래서 인성교육의 출발은 집안일을 시키는 것이다.

마틴 로스먼 미네소타대학 명예교수의 실험에서도 어릴 때부터 집안일을 시킨 결과가 어떠한지를 보여준다. 그는 성인 84명을 대상으로 유아기, 10세, 15세, 20대 중반 단계로 나눠 살펴본 결과, 유아기부터 부모님을 도와 집안일을 했던 사람들은 집안일을 하지 않았거나 10대에 접어들어 집안일을 도왔던 사람들보다 20대 중반에 들어 가족과 친구관계가 더 좋았고, 자립심도 높게 나타났으며 이후의 커리어도 더 성공적으로 나타났다고 보고하였다. 조지 베일런트 하버드 의대 교수의 실험도 동일하다. 14세 학생 456명을 47세까지 추적 조사한 결과 집안일을 거들었던 학생들의 경우 성인이 된 뒤 더 성실하다는 평가를 받았고 중년기에 접어들어서도 가정을 유지하는 데 있어서 행복지수가 높았다.

집안일 시키는 5가지 원칙

어릴 때부터 집안일을 시키라는 것을 듣고 어떻게 시키는지에 대한 방법까지 요구하는 분들이 더러 있다. 집안일을 시키는 다섯 가지 원칙은 다음과 같다(《T-Times》 수정게재).

첫째, 사람이 아니라 행동을 칭찬하라. 아이 중심 교육, 자존감 중심의 심리학에선 행동이 아니라 사람을 칭찬하라고 했다. "얘야, 너는 심부름도 해 주는 괜찮은 사람이란다." 자존감이 제대로 형성이 안 된 아이, 자신에 대한 가치를 인정하지 않는 아이, 행동이 너무 굼뜨거나 실행력이 약한 아이는 이렇게 칭찬하는 것이 맞다. 그러나 지금은 그럴 필요 없다. 심부름을 했을 때 "심부름 해 줘서 고마워." 정도로만 반응하면 된다.

둘째, 용돈으로 보상하지 말라. 집안일을 하면 용돈으로 보상하는 경우가 있는데 절대로 하면 안 된다. 용돈을 주면 집안일을 노동으로 계산한다. 그래서 심부름 하고 와서는 "1,000원!"이라고 손을 내민다. 그러나 집안일은 가족 공동의 일이기 때문에 마땅히 할 일이고 서로를 위한 이타적인 행위이기 때문에 그것만으로도 자기효능감이 생기지만 보상을 하면 자기효능감을 잃게 한다.

셋째, 내가 아니라 가족을 위한 일을 권하라. 자기 방 청소, 정리정돈과 같은 일이 아니라 거실 청소, 공동의 영역 정리, 설거지 등 가족 전체에 대한 일을 시켜야 한다. 자기 방 청소했다고 용돈 주는 행위는 절대로 하면 안 된다. 자기 방은 옵션이니 특권이면서 동시에 유지와 관리에 대한 책임과 의무도 있다. 자기 방의 정리정돈과 청소는 기본이다. 그래서 아이 방을 부모가 대신 청소해 준다든지, 아이가 자기 방을 청소했는데 용돈을 주는 행위는 하면 안 된다.

넷째, 때론 명령하라. 기존의 심리학에선 부모가 먼저 솔선수범하라고 했다. 모델링 이론에서는 충분히 설명이 된다. 부모가 앞장서는 모습도 필요하나 이것은 필수가 아니라 권장 사항이다. 부모는 때로 명령하여 명령권자가 부모임을 명확히 주지시켜야 한다. 부모가 명령할 때 자녀는 순종하는 법을 배워야 한다. 어떤 경우에는 충분히 설명하고 난 후 일을 시킬 수도 있지만 먼저 일을 시킨 다음 나중에 설명할 수도 있다. 그럴 때도 자녀는 순종하는 법을 배워야 한다. 순종을 한다는 것은 자신의 선택권이 배제되어 있어도 흔쾌히 따르는 것을 의미한다.

다섯째, 절대 집안일을 봐 주지 마라. 가령, 집안대청소를 하자 했는데 자녀 중 한 명이 "난, 내일 시험이 있는데…."라고 할 때 "시험이라고? 그럼 넌 들어가서 공부해. 나머지는 청소하자."라고 하면 안 된다. "시험인 거 알아. 최대한 빨리 청소하고 들어가서 공부해."라고 해야지 개인의 문제, 숙제, 공부 등의 이유로 면제해 주면 안 된다. 만약 그렇게 할 경우, 개인의 좋은 시험 점수와 높

왕이 된 자녀 싸가지 코칭

은 성적을 위해서라면 단체의 일을 뒷전으로 미루거나 남에게 넘겨도 된다는 편견과 나쁜 습관을 심어줄 수 있다. 이에 스탠퍼드 대학교 심리학과 교수인 매들린 레빈(Madeline G. Levine)은 2015년 3월 19일 〈월 스트리트 저널〉에 "그 순간에는 사소하게 넘어갈 수 있는 일이지만, 사소한 메시지가 몇 년이 쌓이면 결국 성과주의에 물든 이기적 인간이라는 결과를 가지고 올 수 있다."라고 엄중히 경고하였다.

세심하게
점검하라

　　　　자녀교육에 대한 패러다임은 1990
년을 기점으로 해서 다르게 설정해야 한다. 2000년에 태어난 즈믄
둥이가 성인이 된 2020년은 이미 20~30년의 시간이 흘렀으므로 어
떤 주류를 형성하고도 남는 시간이다. 1990년 이전의 자녀교육 패
러다임이 '결핍'이었다면, 1990년 이후 자녀교육 패러다임은 '과잉'

이다. 2000년에 태어난 즈문둥이와 그 이후에 자녀를 임신하고 출산하고 양육을 한 부모 세대는 1960~1970년생들이 대다수였다. 이들이 가지고 있는 자녀교육 패러다임은 1990년도 이전의 '결핍이론'이다. 이들은 최소한의 기본 교육을 받은 세대이기 때문에 자녀와의 애착이나 친밀감 형성도 잘 한다. 개방적이고 민주적인 세대이며 자식을 위해서 무엇이든 해 줄 수 있는 경제적 지원과 관계적 지원이 가능한 세대다. 과거의 가난하거나 무식한 부모가 아니다.

그런 점에서 요즘 자녀들의 문제는 단순히 '문제 부모-문제 자녀' 패러다임만으로는 설명이 안 된다. 오히려 최근에는 '좋은 부모-문제 자녀'의 조합이 더 큰 문제로 부각되었다. 상담을 해 보면 '문제 부모-문제 자녀'라는 패러다임의 죄책감에 묶여 사는 부모들이 적지 않다. 1990년 이전의 심리학이 그렇게 말해 왔고 지금도 방송이나 일반적인 추세가 그러니까. 내가 "요즘은 자식 문제를 반드시 부모만의 문제라고 단정지을 수 없다."라고 하면 오열하는 분도 있고 안도의 한숨을 쉬는 분도 많다.

이미 '좋은 부모-문제 자녀' 패러다임은 한국과 극동아시아 지역, 중국과 인도를 비롯하여 교육의 메카라고 불리는 독일을 위시한 유럽에도 마찬가지로 드러나고 있다. 특히 미국은 수시로 터지는 중고등학교 총기난사 같은 사건들로 인해 자신들의 교육철학을 재고해야 할 시점에 서 있다. 미국 교육은 교육학자 존 듀이(John Dewey)의 실용주의에 바탕을 두고 있고 그의 철학은 '아이가 원하는 대로 해 주어라.'다. 그러나 아이 중심의 교육을 시킨 결과는 총기사고라든지 각종 중독, 성적 문란과 같은 결과들을 산출해 냈다. 교육이 보편화 되었다면 자연히 그런 사건과 사고가 줄어들어야 할 텐데 그러기는커녕 도리어 더 증가하고 있다. 또 범죄의 이유나 대상도 불분명한 이른바 '묻지마 범죄'가 늘고 범죄의 양과 질도 날로 더 흉악해지는 것에 대해 기존의 자극 반응 S-R(Stimulus-Response) 이론 중심의 과학적 패러다임으로는 설명이 불가능하다.

이에 따라 과연 그 해답이 무엇인지 하는 자성적 물음들을 던지고 있는데 그 물음에 대한 대답 중의 하나가 '자식을 사랑한다면 어릴 때부터 집안일을 시켜라.'는 종단 연구들이다. 어릴 때부터 집안일을 시켰던 자녀들이 성인자녀가 되고 중년기가 되었을 때 개인적으로 훨씬 더 행복하게 살고 있었고, 원만한 부부생활과 행복한 가정을 이루었고, 직업적으로도 월등하다는 결과들이 나오고 있기 때문이다. 특히 십대 이전부터 집안일을 했던 자녀들의 경우가 월등히 뛰어났다. 어떤 집단이 시간이 흐르면서 어떻게 변화하고 있는지에 대한 장시간의 연구를 종단 연구라고 하는데 시간과 비용이 많이 들기 때문에 쉽지 않은 연구방법론이다. 오래 걸리긴 하지만 정확한 결과를 확인할 수 있다는 점에서 연구의 내용이 훨씬 더 깊다고 볼 수 있다. 대표적으로 호아킴 데 포사다(Joachim de Posada)의 '마시멜로 이야기'와 같은 것이 있다. 유아들에게 마시멜로 한 봉지를 주면서 먹지 않고 15분을 기다리면 또 한 봉지를 주겠다는 실험이었다. 그때 먹지 않고 기다렸던 아이들과 먹었던 아이들이 어른이 되었을 때를 비교한 내용에 따르면 15분을 참았던 아이들이 관계적으로도 직업적으로도 월등히 뛰어났다.

첫 고집 꺾기와 새우깡 교육

보통 아기가 말을 시작하고 직립을 시작하면서 운동성이 확장되면 탐색 활동이 활발해진다. 그때 '자의식'을 갖기 시작하는데, 자의식이란 것은 애초부터 이기적이라 '나 중심'이다. 그래서 그 시기 때부터 자기만의 세계가 아니라 더불어 사는 세계를 가르쳐야 하고, 부모의 수직적 권위를 세워야 한다. 이 일에 실패하면 아이는 커갈수록 왕이 되고 부모는 종이 된다.

아이가 언어를 사용하기 시작하면 "엄마", "아빠", "밥빠", "물", "똥" 같이 생존에 관계된 말과 함께 자의식을 드러내는 표현으로 "내 꺼야.", "싫어.", "안 해.", "엄마 미워.", "아빠 미워.", "엄마랑 안 놀아." 등을 사용한다. 물론 영유아기의 발달특성이 당연히 '자기중심성'이니 자연스러운 현상이겠지만, 당연하다고 여길 게 아니라 바로 그때야말로 부모가 인성교육을 해야 할 시점이라고 봐야 한다. 그래서 이때부터 '새우깡 교육'을 해야 한다. 이 시기의 아이들은 엄마가 다른 아이에게 과자를 나눠주면 과자봉지를 낚아채거나 과자 받은 아이를 해코지한다. 모든 것을 '나 중심'으로 생각하는 자의식이 이기적 속성으로 굳어지지 않게 하려면 나누고 베푸는 교육을 해야 하고 집안일도 시켜야 한다. 이 시기의 아이는 엄마 젖이나 이유식이 아닌 어른과 같은 음식을 먹는 때다.

국민간식 새우깡 한 봉지를 사 주면 제일 먼저 "엄마 먼저.", "아빠 먼저.", "할아버지 먼저.", "할머니 먼저."를 교육시켜라. 고사리 손으로 집어든 새우깡이래야 기껏 서너 개일 뿐이다. 그때 부모와 주변 어른들은 "아니다. 너 먹어." 할 게 아니라 맛있게 받아먹어야 한다. 그래야 그것이 당연한 줄로 받아들인다. 새우깡 두세 개 얻어 먹은 어른이 그거 먹었다고 배가 부를까? 얻어먹었다는 사실에 춤 을 출까? 두세 개 얻어먹은 어른은 다음에 한 봉지를 더 사 주게 되 지 않을까? 또, 옆에 다른 아기가 있다면 직접 과자를 나눠주게 하 라. 그래야 친구를 사귀는 법도 알고 나누는 법도 배운다. 또래에게 나눠주면 또래의 부모와 주변 사람들로부터 받는 인정과 칭찬이 아 이에게 좋은 에너지가 된다. 그리고 다음에 새우깡 사 줄 때, 네가 어른들에게 새우깡 먼저 나눠주고 친구에게도 나눠주어서 사 주는 것이라고 말하라. 그래야 자신이 뭔가 좋은 일을 했다는 느낌도 알 고 그 보상을 통해 행동을 강화시키는 결과가 된다.

시험을 치르고 확인하라

시험이란 무엇일까? 단순히 줄을 세우기 위함일까? 물론 시험을 보고 나면 자연스럽게 줄이 생긴 다. 그러나 시험의 진정한 목적은 서열 정하기가 아니다. 시험은 자 신의 현재 상태를 측정하는 수단이다. 넘어진 데서 일어나려면 자 신의 위치를 정확히 알아야 한다. 영어단어 교재에도 뒤 페이지에 는 테스트용 문제가 실려 있다. 문제를 풀어봐야 내가 얼마나 알고 있는지 점검할 수 있다. 그냥 봐서는 알 것 같은데 막상 시험을 치

왕이 된 자녀 싸가지 코칭

러보면 모르는 것이 많다는 것도 알게 된다. 결국 시험은 피드백 (feedback)을 돕는 방법인데 스스로 자주 테스트 해보는 사람은 남들보다 크게 성공할 수 있다.

결국 시험을 통해서 자신의 지금 실력을 점검하고 모자라는 부분을 보완하면 실력이 향상된다. 학교에선 성적이겠지만 사회생활에서도 개인의 일상생활에도 똑같이 필요한 과정이다. 목표를 설정하고, 목표에 맞는 계획을 짜며, 그 계획을 실행하고 시험을 치루는 것은 일상에서의 삶에도 그대로 적용된다. 그런 과정을 통해 자신의 현 위치를 파악하고 장점과 약점을 알아차리고 더 나은 방법을 찾아 성장의 밑거름으로 쓰게 된다. 시험을 힘들어하고 짜증만 내는 아이들은 그만큼 얕은 사람이다. 깊은 사람을 만들려면 시험은 필수다. 시험을 준비하는 사람은 배우고 익힌다.

뒷바라지만 하지 말고
앞바라지를 하라

'바라지'라는 말이 있다. 홀어머니가 자식들 평생 뒷바라지 했다는 문장 등에 사용된디. 국어사전에는 바라지를 '음식이나 옷을 대주는 등 여러모로 돌보아 주는 일'이라고 정의한다. 바라지는 보통 부모가 자식을 돌보는 과정으로 이해된다. 그것도 뒤에서 뼈가 부서져라 헌신하는 태도를 말한다. 뒷바라지 한다는 점에서 한국의 부모는 세계 최고다. 그런데 그 뒷바라지로 한 사람의 인생이 통째로 희생되었다. 자식을 위해서 부모의 삶은 포기되었거나 아예 사라졌다. 그래서 정작 자기 인생을 못 산 사람들이 너무 많다.

뒷바라지가 있다면 앞바라지도 있어야 한다. 앞에서 모델이 되는 삶이 앞바라지다. 좋은 본보기가 되어 자녀들이 그런 모습을 보고 따를 수 있어야 한다. 부모는 자식을 향해 "너도 나처럼", 또 당당하게 "Follow Me!"를 말할 수 있어야 한다. 부모가 자신의 인생철학을 갖고 살아갈 때 자녀에게 삶의 표본이 되어 앞바라지가 된다. 직업적으로도 나름의 입지를 가지고 있고 정신적 소양과 깊이도 있으며 자녀들과도 좋은 관계를 누리고 사회에 보탬이 되는 존재로 살아가는 그런 모습을 보여줘야 할 필요가 있다.

게다가 자녀가 성인이 되었을 때도 부모는 여전히 건강하고 여유도 있다. 그때부터 서드 에이지(3rd Age)가 시작된다. 따라서 부모는 자신의 인생을 꾸려갈 만반의 준비도 해야 한다. 요즘 자녀들은 부모들의 헌신만을 바라지 않는다. 부모가 자기 인생을 잘 살아가기를 바란다.

제3부

싸가지

코칭

실제

싸가지 코칭의
칼자루를 꽉 쥐어라

실시간 싸가지 코칭을 하면 그동안 부모들이 자녀를 대했던 태도
가 어떠했는지를 알 수 있다. 어떤 엄마는 자녀 대하는 것이 꼭 시어
른을 모시고 사는 며느리 같았다. 엄마가 먼저 종처럼 납작 엎드리
는 통에 아이는 어릴 때부터 상전이 되었던 것이다. 부모와 자녀는
수직관계이고 위쪽이 부모, 아래쪽이 자녀다.

사례) 이렇게 짧은 시간에 변화가 일어나다니 꿈만 같습니다!

서울 서초구에서 의왕까지는 30분도 채 안 걸린다. 처음에 아내 혼자 온다고 했는데 막상 상담실에 먼저 들어선 사람은 남편이었다. 호남형에 잘 차려입은 수트에서 전문직임을 알 수 있었다. 특유의 매너가 몸에 배어 있었다. 처음엔 아내만 보내려고 생각했는데 아무리 생각해도 아버지인 본인이 나서야겠다는 결심이 들어 직장에 반차를 내고 왔다고 한다. 아버지가 이렇게 적극적으로 나오면 정말 반갑다.

그동안 아이들을 민주적으로 대해 주었는데 요즘에 와서 부모에게 대들고 무례하기 짝이 없어 대안을 찾던 중에 싸가지 코칭에 대한 지침을 듣고 확신을 갖게 되었다. 남편은 집으로 가지 않고 곧장 회사로 가서 엑셀 작업으로 집에서 아이들이 지켜야할 지침을 만들었다. 내가 전달해 준 '싸가지 코칭 체크리스트'를 자기 가정 상황에 맞도록 수정하였다(부록 참고). 그날 밤 바로 아이들을 소집시켰다. 이전까지 아이들에게 가는 통로는 어머니였다. 오늘부터는 아버지가 집안의 모든 대소사를 결정할 것이며 용돈을 비롯한 생활의 모든 것들을 점검하겠다고 선포했다. 놀란 것은 아이들이 아니라 오히려 어른들이었다. 아이들이 반발할 줄 알았는데 순순히 그러겠노라고 답했다. 아버지의 모습에서 뭔가 결연한 의지가 보였던 모양이었다. 그리고 일주일 뒤에 카카오톡으로 감사 인사를 전해왔다.

"박사님께 감사드립니다. 일주일 만에 저희 가정은 지옥에서 천국으로 바뀌었습니다. 기적입니다. 명쾌하고도 정확한 방법을 알려주셔서 도움이 되었습니다. 앞으로 어떤 일이 일어나더라도 제가 교육의 주체가 되어야 한다는 말씀을 가슴에 새기고 잘 헤쳐 나가겠습니다. 거듭 감사드립니다."

아주 짧은 시간에 자녀의 행동이 바뀐 사례다. 어찌 보면 자녀는 부모로부터 해야 할 것과 하지 말아야 할 것에 대한 정보를 거의 듣지 못했다고 봐야 한다. 실제로 아이들은 들은 정보의 양이 턱없이 부족해서 뭘 어떻게 해야 하는지 모르는 경우가 많다.

싸가지 코칭을 하려면 부모가 힘의 주체가 되어야 한다. 부모는 칼자루 쥔 쪽이고 아이는 칼날을 쥔 쪽이다. 칼날을 쥔 쪽보다 칼자루 쥔 쪽이 훨씬 더 유리하다. 그러니 칼자루를 힘 있게 쥐고 가차없이 휘둘러라. 싸가지 없이 행동하는 모든 언행은 가차없이 베어버려라. 부모와 자식 간에는 싸움이라는 말 자체가 성립이 안 되지만 싸움이 되었다면 확실히 이겨라.

싸가지 코칭은 두 번째 탄생 과정이다

2012년에 출간했던 《다 큰 자녀 싸가지 코칭》의 서문에서 소개했던 싸가지 없는 자녀들의 특징을 한 번 더 나열하면 이렇다.

매사 짜증이다, 감사라곤 털끝만치도 없고 끝없는 불평불만이다, 인사를 먼저 하는 법도 없다, 욕설은 일상용어다, 부모에게 쌍욕 하는 것도 거리낌 없다, 한없이 게으르다, 정리정돈을 하지 않는다, 사회 진출을 꺼린다, 지각을 밥 먹듯 하며 약속을 제대로 지키지 않는다, 학교(직장)에 무단결석(근)한다, 뭔가를 배우려고 하지도 않는다, 밤새도록 인터넷 게임에 빠져 있다, 뱀파이어도 아닌데 햇볕을 피해 이불 속에 숨고 밤이 되면 부활해서 밤새 돌아다닌다, 필요한 물품은 인터넷으로만 산다, 외부 활동은 전혀 하지 않는다, 씻지 않는다, 의욕이라곤 없다, 뭘 줘도 시큰둥하다, 용돈만 축낸다, 정신적으로는 큰 문제가 없다, 자기밖에 모른다, 잠시도 진득하게 앉아 있지 못한다, 스마트폰을 손에서 놓으면 좌불안석이다, TV와 인터넷에 빠져 산다, 조그만 일에도 안절부절못한다, 몸 움직이기를 싫어해 운동과는 담 쌓았다, 땀 흘린다는 개념을 모른다, 고생같은 건 사전에도 없는 용어로 여긴다, 히키코모리(은둔형 외톨이)다, 자기조절능력이 없다, 중독에 빠져 산다, 직장에 오래 붙어 있지 못한다, 부모를 종처럼 부려먹는다, 해코지가 두려워 꾸중하기도 겁난다, 작은 일만 시켜도 "내가 왜?"라며 바락바락 대든다, 심한 경우 부모를 폭행하는 데 거리낌이 없다, 부모가 안 해준 것만 생각하며 억울해한다, 조금만 힘들면 포기한다, 일에 대한 기본 개념이 없어 일 처리가 엉망이다, 현란한 조명이 비치는 무대만을 꿈꾼다, 결혼 후 조그만 갈등에도 가출하거나 별거나 이혼을 생각한다.

언제부터인가 무서운 대상이 되어버린 자녀들을 어떻게 대처해야 할지 모르겠다며 한숨을 쉬는 부모들이 뭔가 정확한 정보와 구체적인 대응 방안을 요구했다. 그래서 나는 카카오톡을 통해서 즉각적으로 코칭해 주었다. 안내해 주는 대로 시행한 부모들은 짧게는 한 달 이내 길어도 3개월 이내에 문제행동을 줄일 수 있었고 부모로서의 자신감을 회복하였다. 막상 코칭을 시작하면 생각보다 빨리 변화되는 것에 나도 놀라고 부모도 놀란다. 그만큼 우리나라는 다 큰 자녀에 대한 부모교육 지침이 거의 없다고 봐야 한다.

다 큰 자녀의 문제는 정신세계의 빈곤, 기본적인 능력의 부족, 사람으로서 기본적으로 가져야 할 교양을 갖지 못한 채 성장했기 때문이다. 그 또한 부모가 부족해서가 아니라 풍요가 너무 커서 생기는 문제, 즉 과잉이 불러온 참사다. "첨단문명은 행복을 가져온다."라는 말은 과학 신봉자들의 이상향이었을 뿐 실제로는 역반응을 만들고 있다. 그건 안락과 편리의 조건이지 행복의 조건이 아니다. 오히려 불편을 선택하는 것이 훨씬 더 큰 행복을 느낄 수 있게 한다. 가끔 〈정글의 법칙〉이라는 프로그램을 볼 때 그런 생각을 한다. 불편하기 짝이 없는 곳, 생존에 필요한 기본 도구들마저 빼앗고 맨손으로 생존하라는 미션을 주기도 하는데, 참여자들이 먹을 것에 대한 고마움과 기막힌 맛을 느끼는 것은 그것이 '당연'하게 먹을 수 있는 것이 아니기 때문이다. 사냥이든 수집이든 수고를 통하지 않고는 먹을 수 없다는 것을 처절하게 느꼈기 때문이다. 그 경험 덕분에 그동안 당연하게 주어졌던 그 무엇도 당연한 것이 아님을 알게 되고 앞으로의 삶에도 감사와 행복을 느끼게 될 것이다.

　다 큰 자녀 싸가지 코칭은 생존할 수 있는 자녀로 키우는 과정이다. 그러려면 자식은 부모의 품에서 두 번 태어나야 한다. 어머니를 통한 1차 탄생과 아버지를 통한 2차 탄생이다. 어머니를 통한 1차 탄생 이후에는 절대적인 돌봄, 애착형성, 자존감 형성이 중요하다. 그 다음 아버지를 통한 2차 탄생은 자녀의 '독립'으로, 아버지가 적극적으로 임신, 출산, 양육의 수고를 감내해야 하는데 한국 아버지들은 대체로 무심하다. 또 그런 과정을 알아 실행하고 싶어도 뭘 해야 할지 모르겠고 콘텐츠도 턱없이 부족하다. 그저 가족의 생계 책임자로 뼈가 부서지도록 일만 한다. 그래서 한국 40~50대 남성의 과로사율이 다른 나라보다 월등히 높다. 그리고 중년기가 되고 은퇴를 해서 시간이 많이 생겨도 딱히 할 일이 없다. 일과 관련된 것만 할 수 있을 뿐 나머지 부분에 대해선 본 적도 없고 배운 적도 없고 할 줄도 모르고 재미도 못 느낀다. 그런 면에서 한국 남자들은 참 불쌍하다.

싸가지 코칭의 핵심 원리는
If or not

　　　　　　싸가지 코칭의 원리는 행동주의 심리학을 바탕으로 두고 있다. 행동주의 심리학의 두 기둥은 보상과 벌로써, 좋은 행동은 보상을 통해 강화시키고 안 좋은 행동은 벌을 통해 감소시킨다. 그래서 아이를 대하는 부모는 반드시 'If or not'

의 원리를 사용해야 한다. 아이를 칭찬할 때도, 엄히 꾸중하고 페널티를 적용할 때도 반드시 이유를 제시해야 한다. 그리고 동시에 데드라인을 정해 놓고 해야 한다. 이를테면 아이가 화난다고 집안의 물건을 부수었다고 가정해 보자. 일차적인 작업은 아이가 왜 화가 났는지에 대한 감정적 물음과 감정 자체를 받아주는 것이다. 그리고 행동에 대한 것은 'If or not'의 원리를 적용해 부모의 기준과 원칙을 제시하면 된다. 이때 미리 생각할 시간을 주는 것도 좋다. "너 화난다고 집안의 물건을 부쉈는데, 화나는 건 인정해. 그렇지만 물건 부수는 것에 대해서는 어떻게 생각해? 일단 네 생각부터 이야기해 봐."라고 말할 기회를 주어야 한다. 그리고 아이가 하는 말을 들은 후에 부모는 부모의 기준과 원칙을 전달하라. "화난다고 물건을 부순 것은 네가 선택한 행동이다. 그러나 우리는 그런 행동 용납할 수 없다. 따라서 앞으로 1주일 동안은 휴대폰 사용 금지다."라고 하고 휴대폰을 1주일 동안 회수한다. 1주일이 지났을 때 돌려주면서 차후에 또 화난다고 물건을 부수면 가중처벌이 적용될 것임을 주지시켜라. 휴대폰 사용금지가 2~3주 늘어나게 될 것이고, 다른 부가적인 페널티도 적용된다는 것을 미리 알려줘야 한다.

　이런 방식을 통해서 부모가 행동수정의 주체가 되면 아이는 금세 바로잡힌다. 당연히 반발하고 휴대폰을 압수할 때 선뜻 내지 않을 것이다. 그러면 다른 페널티를 부과해야 한다. 그리고 단서를 붙이되 'If or not'을 말하면서, "네가 집안의 규칙을 잘 지키고 부모님 말씀에 순종하면 너의 권리가 회복될 것이지만 그렇지 않을 경우, 네가 얻을 권리는 더 없어질 것이다."를 확실하게 고지시켜야 한다. 사람이 아니라 아이가 한 '행동'이 문제가 되고 있음을 알려줘야 하고 어떤 행동을 하면 반드시 거기에 대한 '대가'가 따른다는 것을 보여야 한다. 즉 좋은 일을 하면 '보상'이라는 결과가 오고 나쁜 일을 하면 '벌'이라는 것이 따라온다는 것을 확실하게 보여주어야 한다. 그래야 아이는 부모 말을 따르기 시작한다. 처음에는 입이 닷 발이나 나오고 반항하고 대들고 욕하고 난리를 치겠지만 그래도 부모는 꿈쩍도 하지 않아야 하고 아이가 무례하게 굴면 페널티를 더 늘려야 한다. 그리고 보다 냉정하게 이야기하고 필요시에는 무한 반복을 해서라도 전달해야 한다.

부모가 아이에게 기준과 원칙을 제시하는 것은 나쁜 부모여서도 아니고 아이의 권리를 박탈하기 위해서도 아니다. 아이가 한 행동, 즉 하지 말아야 했는데 한 행동과 반드시 해야 할 행동인데 하지 않았을 때 거기에 대한 대가를 지불하게 하는 차원이다. 사람이 문제가 아니라 행위가 문제가 되고 있다는 것을 확실하게 밝히고 설명하고 거듭 확인해야 한다. 즉 아이가 자기 행동을 수정하면 모든 권리는 자연스럽게 회복될 것이라는 것을 알려주면 된다. 아이가 알아듣든지 못 알아듣든지 부모는 할 말은 해야 한다. 대면해서 듣지 않으면 문자라도 보내라. 그것도 듣지 않으면 종이에 매직으로 써서 아이 방에 들이밀어라. 그렇게 해서라도 전해야 할 정보는 전달해 놓아야 꾸중을 할 때도, 아이의 말과 행동에 대해 반박할 때도 근거가 된다. 재판에서 승패를 좌우하는 것은 증거의 유무다. 확실한 증거가 제출이 될 때 재판에서 이기는 것처럼 부모가 수없이 말해 놓은 것들이 있을 때 부모 말에 힘이 실린다.

심리적 맷집을 길러라

왕이 된 자녀, 무서운 자녀를 대하려면 부모의 심리적 맷집이 튼튼해야 한다. 오랫동안 아이들이 휘두르는 펀치를 맞아 샌드백(Sand bag)이 되었다면 아이의 목소리나 눈빛만 보아도 위축되고 주눅이 들었을 것이다. 그러니 맷집을 길러야 한다. 아이들이 하는 모든 말을 다 들어줄 필요는 없으니 그냥 샌드백(Send Back)할 필요도 있다. 부모들을 상담하다 보면 아이들이 하는 말에 너무 큰 의미를 부여하거나 절대적인 가치를 부여하는 경우가 적지 않다. 그런 부모들에게는 "아니, 아이들이 그냥 뱉은 말을 무슨 하나님 말씀인 양 가슴에 새겨놓고 주야로 꺼내서 묵상하십니까?"라고 핀잔을 주기도 한다. 자식들은 부모님 말씀을 귓등으로 듣는데 부모들은 귓등으로 들어야 할 자녀의 말을 가슴으로 새겨듣는 아이러니다. 특히, 자녀들이 하는 말 중에 생각과 느낌에 관한 것들은 아이의 생각과 느낌으로만 받아주어라. 생각과 느낌은 도덕과 윤리가 적용되지 않는다. 생각과 느낌의 자유는 인간으로서 보장 받아야 할 자유다. 다만, 그 생각과 느낌이 행동이 되어 밖으로 표현되었을 때는 책임을 져야 한다. 부모는 아이의 행동에 대해서만 기준과 원칙을 적용하여 칭찬할 수도 있고 야단을 칠 수도 있다.

또 생각과 느낌을 자유롭게 표현할 수 있는 물리적 공간과 심리적 공간을 가진 가족은 순기능 가족이다. 가족이란 그래서 더 좋다. 가족의 생각과 느낌에 같은 편이 되거나 동감을 하거나 공감까지 간다면 더 좋다. 그러나 생각과 느낌이 모든 행동의 합리적 이유가 되는 것은 아니다. 행동에는 반드시 대가가 따른다. 즉 책임지는 법을 배우게 해야 한다. 책임질 줄 아는 사람이어야 어른으로서의 자격이 있다.

요즘은 초등학생만 되어도 교사가 아이를 통제하지 못하는 경우가 대부분이라고 한다. 왜냐하면 어릴 때부터 부모에게 한 번도 금지를 들어본 적이 없어 교사로부터 듣게 되는 금지를 이해 못하고 순종하지 않기 때문이다. 학기 초가 되면 '충동조절장애' 문제 때문에 상담소와 신경정신과를 찾는 부모들이 적지 않다. 어른이란 어떤 일이 생겼을 때 감정에 휘둘리지 않고 냉정한 이성을 사용해서 합리적이고 지혜롭게 처리하는 사람을 말한다. 그래서 생물학적으로 어른이 되었더라도 충동조절에 실패하면 어른이 아니라 어린애에 불과하다. 어린 자녀에게 부모역할은 보호와 양육이지만 다 큰 자녀에게 부모역할은 능력자로 만들어 독립시키는 일이다. 훈련을 시키는 주체가 되려면 강한 존재가 되어야 한다.

명령어를 사용하라

싸가지 코칭을 하려면 부모들은 명령어를 사용해야 한다. 마땅히 할 말이라고 판단되면 짧고 굵게 말하라. 일방적이어도 괜찮다. 아이에게 말할 때마다 완곡어법이나 청유형, 부탁형으로 말을 하는 부모들이 있는데 남의 자식에게는 그렇게 해야겠지만 자기 자식에겐 그렇게 할 필요가 없다. 예를 들면, 아침에 늦잠 자는 자녀에게 "일찍 일어났으면 좋겠다.", "이것 좀 치워주면 좋지 않겠니?"라는 식의 말이다. 또는 밤늦게 안 자고 있는 자녀에게 "일찍 잤으면 좋겠다."는 식으로 "~하렴", "~하자구나", "~하지 않겠니?"라는 끝말을 사용한다. 그럴 필요 없다. 단호하게 명령하라.

　싸가지 코칭은 아이의 언행을 고치는 일이요, 행동수정 이론이니 인본주의 심리학 관점으로 접근하지 않아도 된다. 물론 역기능가정의 부모이거나 방임을 행했던 부모였다면 자존감의 회복을 위해서 청유형 문장, 부탁형 어조가 필요하다. 아이가 자존감이 바닥이고 기본 에너지도 형성되어 있지 않을 때는 내적 자아에 접촉을 시켜주고 동기화시키기 위한 작업이 되기 때문이다. 그러나 보통 가정의 자녀들, 현대 한국의 가정에서는 그럴 이유가 없다. 앞에서도 누차 이야기했지만 한국의 부모는 문제 부모가 아닌데다 자녀의 문제는 결핍이 아니라 과잉으로 인한 것이기 때문에 부모는 단호한 명령어를 쓸 필요가 있다. "아침 8시, 일어날 시각이다. 일어나라."라고 정확한 정보와 명령어를 사용해야 한다. 그렇게 말했음에도 불구하고 안 일어나면 몇 번 반복해서 말하고 그래도 안 일어나면 야단을 쳐도 좋고 고함을 질러도 된다. 그 문제를 유발한 쪽은 아이이기 때문에 그 야단과 고함은 정당한 사유다. 꾸중을 듣지 않으려면 아이가 부모 말에 따르면 된다. 부모가 꾸중을 함에도 불구하고 들지 않으면 페널티를 적용하되 누리는 권한이나 선호자극을 제거하고 최후의 수단으로 체벌을 해야겠지만 요즘 세상에 체벌은 가정폭력으로 분류되니 함부로 해선 안 된다. 굳이 체벌까지 가지 않더라도 부모가 한 말을 그대로 시행해 부모의 권위가 서 있으면 벌의 효과를 낼 수 있으니 마음가짐부터 단단히 하는 게 중요하다.

명령어는 명령권자의 권위가 드러나야 한다. 군대 언어는 명령어다. 군에서 명령불복종은 가장 큰 범죄다. 전시에 명령불복종은 즉결 처형의 사유가 된다. 명령체제가 무너진 오합지졸은 절대 전쟁에서 승리할 수 없다. 그래서 왕이 되어버린 자녀로부터 권좌를 되찾으려면 단호히 명령하는 법을 익혀야 한다.

명령어는 공식적인 자리에서도 사용한다. 명령어를 사용할 때는 단호해야 하는데 과잉존중 문화로 인해 요즘은 명령어도 힘을 잃었다. 극장에 가면 "앞좌석을 발로 차지 말아 주세요."라고 써 놓았는데 짜증이 확 올라와 쓴 사람을 걷어차고 싶다. 그런 표현은 우리말에 없다. "앞좌석을 차지 마시오." 또는 "앞좌석을 발로 차지 마십시오."라고 하면 된다. 그리고 모임을 진행하는 사회자는 설명은 경어체로 하고 시행은 명령어로 해야 한다. 레크리에이션을 진행할 때도 그렇게 한다. 어느 누구도 명령을 들었다고 느끼지 않는다. "자! 이제 다들 양손을 머리 위로 올리는 겁니다. 양손 머리 위로 올렷!" 그래야 일사분란하게 움직인다. 유능한 강사는 그렇게 단호하게 말하는데 초보강사는 계속 존칭어만 쓰려고 한다. 오히려 더 지루하게 느껴지고 재미가 없다. "막춤 춰 주세요."가 아니라 "이젠 막춤 시간입니다. 자! 막춤 실시!"라고 해야 힘이 실린다.

야무지게 야단치고 엄중히 꾸중하라

식당, 마트 같은 데서 뛰어다니는 아이들을 종종 볼 때가 있다. 아이도 아이지만 제지와 꾸중하지 않는 부모가 더 문제다. 주변에서 눈총을 주고 아이 좀 통제해 달라고 부탁을 하면 그때라도 아이를 통제하는 부모는 좀 낫다. 되레 아이 기죽인다며 화를 내는 부모도 있다. 그건 기죽이는 게 아니라 무례하게 키우는 것이고 자기통제력을 갖추지 못한 아이로 키우는 행위다. 또한 그런 행위는 창피한 행동이다. 창피하다는 느낌을 길러주지 않는 부모는 창피를 모르는 자녀를 길러낸다. 그리고 자기통제력을 갖지 못한 무례한 아이는 어딜 가도 적응불가능하고 폭군처럼 행동하기 십상이다. 어릴 때부터 공공장소에서 지켜야 할 것들을 지키지 않고 성장한 자녀들이 국제사회에 나가 낭패를 보는 사례가 있다. 기본 예의를 갖추지 않아 일을 망친다. 미래로 갈수록 도덕지수인 M.Q(Moral Quotient)가 더 중요하게 부각되는 이유가 여기에 있다.

요즘 한국 부모는 자녀를 꾸중하지 않는다. 꾸중해야 할 자리에서도 꾸중하지 않는다. 그래서 오만방자한 아이들이 너무 많다. 자녀를 꾸중하지 못하는 것은 상처받을까 두려워서일 것이다. 1990년 이전의 심리학에서 말하는 내용이다. 그러나 꾸중은 상처를 주지 않는다. 상처를 주는 것은 비난과 모욕 같은 공격 언어이지 꾸중 같은 격려 언어가 아니다. 꾸중이 격려 언어라는 표현이 이해되지 않는 사람이 있을지 모르겠다. 꾸중은 주마가편(走馬加鞭)에 해당하며 나무의 잔가지를 쳐 재목으로 만드는 과정인데 거기엔 사랑이 들어 있기 때문에 격려의 언어다. 꾸중을 들을 줄 아는 자녀는 자신을 돌아볼 줄 알고 꾸중해 주는 사람에게 감사할 줄 안다. 물론, 꾸중도 여러 사람이 보는 앞에서 공개적으로 하면 비난이나 모욕이 되어 상처를 남긴다. 그래서 꾸중은 다른 자녀가 보지 않는 곳에서 일대일로, 또 감정적으로 격앙된 상태가 아니라 냉정한 이성이 발동될 때 해야 한다. 옛날 어른들이 자식들이 잘못했을 때 밖에 나가 회초리 꺾어 오라고 한 것은 아이로 하여금 자기 잘못이 뭔지를 생각하라는 것이었고 부모도 격앙된 감정을 누그러뜨릴 시간을 벌기 위한 지혜로운 처사였다.

꾸중과 비난은 엄연히 다르다. 어떤 잘못한 행위가 있을 때 그 행위만을 콕 짚어서 야단치는 것은 꾸중이지만, 행위와 사람을 싸잡아서, 또는 행위보다 사람을 더 크게 공격하면 그것은 비난이다. 예를 들어, 아이가 식탁에서 컵을 바닥에 떨어뜨렸다고 하자. "네가 컵을 거기에 두니까 팔에 걸려 떨어졌잖아. 조심했어야지. 다음부터 컵은 항상 안쪽에 둬. 그렇게 난간에 두지 말고." 이렇게 말하는 것은 꾸중이고 교육이다. 그런데 "또 컵 떨어뜨렸지? 내가 못 살아. 하나라도 제대로 하는 게 뭐 있니? 너 하는 꼴 보고 컵 떨어질 줄 알았다."라는 식으로 말하면 비난이다.

비난은 상처를 남기고 자존감을 꺾고 자신감을 뺏는다. 더구나 평소에 인정과 칭찬이 부족하고 표현의 양이 턱없이 부족한 한국 가정은 더더욱 그렇다. 그래도 자녀를 위대하게 키우고 싶다면 엄히 꾸중하라. 비난은 아이의 날개를 꺾는 행위지만 꾸중은 날개의 근력을 강화시키는 작업이다. 힘차게 날갯짓하는 아이는 자신의 세계에서 마음껏 창공을 날게 될 것이다. 비난을 들은 아이는 좌절감의 늪에 빠져 허우적대다 죽겠지만 꾸중을 들은 자녀는 좌절감의 늪에 빠져도 스스로 헤어 나올 줄 안다. 그러니 짚을 것은 반드시 짚고 넘어가라. 어릴 때부터 해야 할 것과 하지 말아야 할 것에 대해서 명확한 기준을 부여받고 꾸중을 듣고 자란 아이는 선택하는 일에 탁월성을 발휘한다. 그러니 힘들고 귀찮고 하기 싫어하는 일도 시켜라. 꾸중을 해서라도 하기 싫은 일을 해 내게 하라. 하기 싫은 일도 하다 보면 손에 익고 몸에 익어 실력이 된다. 아이들의 입맛에 맞는 것만 주는 시기는 영아기일 뿐 유아기만 되어도 그렇게 하면 안 된다. 영아기는 황제처럼 모시는 게 맞지만 유아기부터는 아이가 부모에게 맞추는 법을 배워야 한다.

대화의 마지막은 부모 말로 끝내라

다 큰 자녀와 대화를 하다 보면 늘 말문이 막히고 무슨 말을 해야 할 지 모르겠다는 부모가 많다. 아이가 한두 가지 따지고 덤벼들면 그 논리에 막혀 할 말을 잃어버리는 경우다. 궤변이라는 생각은 드는데 막상 항변하려면 말문이 막힌다. 그렇더라도 대화의 마지막 말은 반드시 부모의 말에서 끝나야 한다. 일방적으로 쏘아붙이는 말이든, 툭 던지고 빠지는 말이든 푸념이나 넋두리 같은 혼잣말이 되었더라도 반드시 부모 말에서 끝나야 한다. 이를테면 "내 인생 내 마음대로 살 거니 간섭하지 말라고!"라며 아이가 고함지르듯 말할 때 부모가 아무 대꾸도 안 하면 아이의 말은 선포된 언어가 되며 암묵적 동의로 처리가 된다. 그럴 때 "네 인생 네 마음대로 산다는 거 말리지 않아. 다만, 네가 어른이 되면 그렇게 해."라고 하든지, "자식 놈 키워 놨더니 이젠 지 마음대로 산다. 에휴!"라고 푸념하듯 내뱉든지, "네가 그렇게 말했으니 그 말에 책임져라."라고 말하든지, "그래 네 마음대로 한 번 살아봐라. 그게 네 마음대로 되는지…."라고 끝말은 부모가 해야 한다. 그래야 부모의 권위가 생기고 아이의 말이 암묵적 동의로 처리되지 않는다. 혹시라도 암묵적 동의로 처리될 위험 요소가 보일 땐 사전에 완전 차단해야 한다. "네 마음대로 산다는 건 네 선택이지 우리는 허락 안 했고 바라지도 않는다."라고 말해야 한다.

여기서 대화에 대한 오해부터 짚어보자. 대화(dialogue)라는 단어는 둘을 뜻하는 'di'와 말을 뜻하는 'logue'가 합해져 만들어진 단어다. 대화란 말은 최소한 둘이란 전제가 깔려 있다. 혼자 하는 말은 독백(monologue)이다. 대화에 대한 부모들의 가장 많은 오해와 착각이 대화가 공감을 위한 도구라고만 생각하는 것이다. 마음과 마음이 통하고 눈빛만 보아도 알고 굳이 음성언어를 통하지 않아도 소통이 되는 이상향을 꿈꾼다. 그러나 대화는 그렇게 정서적 교류, 공감, 마음과 마음의 소통만을 위해 필요한 것이 아니다. 때로는 일방적 정보 전달이나 입장 전달도 있고 어떨 땐 따지고 확인하는 일도 있다. 누군가와 싸우는 것도 대화고 누군가를 공격할 때, 이른바 작살내는 것도 대화다. 대화의 차원을 쌍방 간의 공감 차원으로만 해석하면 범위를 너무 축소한 것이다.

아침에 안 일어나는 아이를 깨울 때도 "일어나라."라고 했는데 아이가 "아이 씨! 알아서 일어난다고!"라고 할 때 그냥 나오면 안 된다. "엄마는 분명히 일어나라고 말했다."라고 엄한 목소리로 확인하고 나와야 한다. 그래야 늦게 일어나서 생긴 문제에 대해 꾸중을 할 때 명백한 근거가 된다. 그리고 아이가 말도 안 되는 말, 근거 없는 말, 무리한 요구를 말할 때 "시끄럽다.", "듣기 싫다.", "말도 안 되는 소리!", "열린 입이라고 함부로 말하지 마라.", "할 말이 있고 안 할 말이 있는데 때와 장소에 따라 구별해서 말해라."라고 일축해도 된다. 거절의 표시도 명백하게 하라. 아무 말도 안 하면 암묵적 동의로 처리되어 아이는 임의대로 해석한다. 그러니 끝말은 반드시 부모의 입에서 나오도록 해야 한다.

감정은 언제라도 수용, 행동은 기준과 원칙을 적용하라

자녀교육, 양육서를 보면 가장 많이 등장하는 단어가 '공감'이다. 공감의 언어, 수용의 언어를 들은 자녀가 자존감을 형성하고 밝고 명랑한 자녀가 된다는 이론이다. 정확히 맞다. 어릴 때 그런 환경을 제공해 주는 부모라면 박수를 보내고

왕이 된 자녀 싸가지 코칭

충분히 잘하고 있다고 인정할 만하다. 공감은 아이든 어른이든 어떤 관계가 되었든 사람을 살맛나게 하고 마음을 치유하는 관계의 윤활유가 된다. 수준이 높고 자아상이 건강한 사람일수록 공감의 언어를 사용하고 수준이 낮고 열등감이 많은 사람일수록 비난의 언어, 빈정대고 비꼬는 언어, 공격형 언어를 사용한다.

공감이론 역시 '결핍'의 심리학 시대에 가장 요긴한 방안이었다. 상담을 공부하는 사람들은 공감에 대한 내용을 공부할 때 가장 감동을 받는다. 공감은 인생에 있어 어떤 문제든 풀 수 있는 마스터키로 여겨진다. 상담 사례발표회 때 수퍼바이저는 상담자가 내담자의 말을 얼마나 공감해 주고 있는지의 여부를 가지고 상담자의 능력을 평가한다. 공감이 상담의 전부라고 해도 과언이 아닐 정도다. 그러나 공감은 사실 고양이 목에 방울 달기다. 과연 누가 어떻게 고양이 목에 방울을 달 것인가? 물론, 역기능 가정에선 공감이 턱없이 부족하니 이런 자녀들에겐 공감이 절대적으로 필요하다. 그러나 공감도 과유불급이다. 과도한 공감은 아이를 약하게 만들고 의무에서 배제되게 만들며 결국 왕으로 등극하게 만든다.

그렇다면 공감은 과연 수평 언어일까 수직 언어일까? 얼핏 생각하면 수평적 관계 언어로 부모가 자녀의 눈높이를 맞춰주는 이미지가 떠오를 수 있다. 그런데 공감은 명백히 수직 언어다. 공감해 주는 쪽이 공감 받는 쪽보다 월등하게 높아야 한다. 여유도 있고 이해도 되고 분노도 통제할 수 있고 모든 것을 객관적으로 볼 수 있는 사람이어야 공감의 언어를 사용할 수 있다.

이를테면, 유치원 다니는 아이가 집에 오자마자 "나 내일부터 유치원 안 갈래!"라며 울면서 자기 방으로 들어갔다고 하자. 평소에는 "다녀왔습니다."라며 인사를 잘 하던 아이가 오늘은 풀이 죽은 목소리로 그렇게 말한다면 뭔가 잘못된 일(something wrong)이 있었다는 뜻이다. 그럴 때 사용해야 할 기술이 공감이다. "우리 ○○ 화가 많이 났구나?"라고 감정을 물어주며 접근해야 한다. 아이를 안아주면서 "무슨 일이 있었어?"라고 하면 아이가 자초지종 이야기를 할 것이다. 그때 부모는 아이의 말에 "아하! 그래서 화가 났구나!"라고 공감해 주면 된다. 그런데 초등 5학년쯤 된 아이가 집에 들어오면서 인사도 안 하고 가방 휙 집어던지고 자기 방 문을 쾅 닫고 들어간다면, 그럴 때는 공감의 기술을 사용할 때가 아니다. 야단을 치면서 가방 다시 메고 나갔다가 집에 들어와서 부모에게 인사하고 자기 방에 들어가게 해야 한다. 어떤 문제로 인해서 속상한 건 이해하지만 부모가 원인 제공자가 아니기 때문이다. 그리고 자기에게 속상한 일이 있다고 해서 부모에게 화를 내거나 신경질을 부리는 무례한 행동을 해도 된다는 당위성은 어디에도 없다. 그래서 행동에 대한 교정부터 먼저 한 다음에 불러서 "너 오늘 하는 행동 보니 뭔가 속상한 일이 있었던 모양이네. 와서 이야기 해 봐라."라고 한 후 공감해 주면 된다.

감정을 받아주는 것, 공감은 정말 좋은 일이다. 살맛이 나고 더불어 살아가는 데 있어 중요하고 아름다운 일이다. 가족이 가족일 수 있는 것도 공감이 있기 때문이다. 타인이 비난한다 할지라도 가족은 편이 되고 공감의 언어를 사용하는 게 맞다. 그렇더라도 발달단계에선 공감을 먼저 한 후에 문제를 처리 할 때가 있고 문제 행동 처리를 먼저 한 후에 공감할 때가 따로 있다는 것을 분명히 알아야 한다.

가족회의를
시작하라

자녀가 아주 어릴 때는 부모의 돌봄만 있으면 되지만 어느 정도 크면 독립된 경계선을 가진다. 가족은 독립된 경계선을 가진 각자가 자기 의무를 충실히 이행해야 굴러가는 유기체다. 유기체의 활성화 여부를 확인하는 일이 피드백인데 이를 위한 공식적 자리가 회의다. 회의를 최소화하는 조직은 있어도 회의를 아예 없애는 조직은 어디에도 없다.

사례) 가족회의 시행만으로도 바로 효과를 얻었어요.

고 2 아들 문제로 상담을 왔던 U씨는 아버지에 대한 좋은 기억이 없다. 아버지는 무정했고 폭언과 폭력을 일삼았다. 그런 아버지의 모습을 보면서 나중에 결혼하고 자식을 낳으면 저런 아버지는 되지 않으리라 다짐했다. 그래서 결혼 후 아이들이 원하는 것이라면 무엇이든 해 주었다. 아이들의 생일마다 고가의 물건을 흔쾌히 사 주었다. 최근 몇 년 사이에 드론도 사 주었고 100만 원이 넘는 DSLR도 사 주었다. 그런데 아이는 너무 예의 없고 정리정돈도 안하고 부모가 무슨 말을 하면 사나운 맹수처럼 대들었다. 이건 아니다 싶어 대안을 찾던 중 《다 큰 자녀 싸가지 코칭》을 읽고 바로 나에게 연락을 해서 싸가지 코칭을 시작했다. 그리고 코칭 시작 2주 만에 모든 상황이 종료되었다.

이전까지는 용돈이란 개념도 없었고 엄마의 신용카드를 주어서 사고 싶은 것 다 사게 했다. 아버지의 주제로 가족회의를 진행하면서 엄마의 카드를 회수하고 용돈을 지급한다고 하였다. 가족회의에 나오지 않는다는 것은 용돈을 받지 않겠다는 의미로 간주한다고 아이들에게 통보했다. 그리고 1주일간의 용돈 사용 내역도 메모해서 제출하게 하였다.

처음엔 당연히 반발했다. 그러든 말든 아버지는 입장을 고수했다. 첫 가족회의 때 큰 아이가 참석을 했고 아버지가 제시한 여러 가지 지침들에 대해서 반발도 했지만 잘 지켜내고 있다. 오히려 놀란 것은 U씨였다. 아이가 반발하고 튕겨 나갈 줄 알았는데 너무 빨리 순응하는 게 이상할 정도였다. 아이는 그런 지침을 제대로 들은 적이 없었을 뿐이다. 고 2가 되었으면 권리와 의무의 조율을 이행해야 하는데 영유아 대하듯 아이 중심으로 다뤄왔던 것이다. 그래서 싸가지 코칭을 통해 그 나이에 맞는 방식으로 전환했을 뿐이다. U씨는 한 달도 채 안 되어 지옥에서 천국을 살고 있는 것이 신기하기만 하다고 말한다. 빨리 전환될 수 있었던 것은 아이 기억 속 아빠가 자상하고 친절하고 사랑을 주는 아버지였기 때문이다. 기본 친밀감과 신뢰가 형성되어 있었기 때문에 빨리 정리될 수 있었다.

U씨가 첫 가족회의 때 제시한 '우리 가정의 생활 수칙'이다.

우리 가정의 생활수칙

구성원-아버지: U□□ 어머니:Y○○, 아들:U◇◇ 딸:U△△

회의주기-매주 주말(토/일) 저녁시간(상세 시간은 아버지가 사전 통보:-카톡/메신저/구두/메모지 등 사용)

회의내용 -회의 전 아버지가 (매주)업데이트

회의 목적-우리 가정의 평화를 바라고 가족 구성원 모두 건강하고, 바른 마음으로 미래를 준비하기 위함.

용돈-지급 주기: 1주 단위, U◇◇-2만 원 U△△-1만 원

건강한 육체에서 건강한 정신이 나온다.

-규칙적인 생활을 통해 건강한 육체와 정신을 가지도록 한다.

-취침시간, 기상시간 준수

-현재 학생이므로(온라인 개학이나) 학교 생활과 같이 시간 준수, 취침: 12시, 기상: 8시

인터넷 수업 참석- 현재 학생이므로(온라인 개학이나) 학교생활과 같이 수업 참여, 기준: 정상 출석

인터넷(WI-FI) OFF-밤 12시 지정, 가족 모두 다음날 일상생활을 위해 충분한 휴식이 필요

휴대폰 요금제 수정-이미 WI-FI를 통해 충분히 데이터가 공유되므로, 통화 위주의 요금제로 조정

존중하는 삶

인사하기

-쉬지도 못하고 바쁘게 일하다가 들어온 아버지에게 감사의 마음으로 현관에 나와서 인사하기

-가족을 위해 집안일 하고, 쉬지도 못하고 밖에서 일하고 들어온 어머니께 감사의 마음으로 나와서 인사하기

집안일-모두 다 컸으므로 이 집의 구성원으로서 집안일을 돕는다.

-자기가 먹은 것은 스스로 치운다.

-밥그릇, 수저, 간식, 과자봉지 등

※지키지 않았을 경우 아버지와 어머니의 판단 아래 벌칙이 주어진다.

****

한 번은 아이가 대뜸 엄마 신용카드를 내 놓으라고 했다. 치킨 시켰으니 결제하겠다는 말이었다. 예전에는 그냥 일상적인 일이었

지만 싸가지 코칭을 시작하고 보니 이것은 왕이 된 자녀의 일방적 통보였다. 어떻게 할지에 대해 상담자와 의논 후 최종 주문을 취소하고 오늘 일로 향후 일주일 안에 치킨은 불가하다고 말했다. 그리고 치킨을 먹고 싶으면 사전에 요청을 해야지 지금처럼 명령어로 할 땐 응하지 않을 것이라고 말했다. 그 외에도 크고 작은 일이 계속 있었는데 내용은 아이가 왕좌에서 내려오지 않으려는 것이었다. 당연히 지금껏 해 왔던 방식으로 계속 가길 원했다. 싸가지 코칭을 받으면서 가족회의를 바로 실시했고 그때부터 아이들의 행동거지가 바로 잡혀가고 있는 것도 고맙지만 부모로서 뭘 어떻게 해야 하는지를 알게 되어 감사하다.

U씨의 사례는 아주 단시간의 해결방안이다. 아버지가 주도권을 잡으면 자녀문제는 빨리 해결된다. 부모는 아이들의 일상생활, 학교생활, 용돈관리, 독서, 취미 등 전반에 걸친 것들을 알아야 할 이야기 마당이 필요한데 그것이 가족회의다. 또 부모의 생각과 조부모와 다른 가족들의 정보도 알 수 있는 통로가 된다. 가족끼리의 정보가 턱없이 부족한 시대에 가족회의는 정보마당의 역할을 한다.

좋은 부모의 개념이 '잘 해 주는 부모', '아낌없이 주는 나무'만은 아니다. U씨가 아들에게 잘 해 주는 것은 '반동형성(reaction formation)'이란 심리적 방어기제다. 즉 자기가 받고 싶은 것을 아들에게 주는 행위였다. 그래서 아낌없이 주는 나무가 되기를 선택한 것인데, 결과적으로 아이를 왕으로 만들었다. 다 큰 자녀에게 좋은 부모의 조건은 따뜻한 부모가 아니라 분명한 부모다. 기준과 원칙이 분명하고 철학이 있으며 자녀를 유능한 존재로 만드는 부모다. 그러니 좋은 부모가 되겠다는 생각을 조금 내려놓을 필요가 있다. 자녀가 어릴 때 이미 충분히 좋은 부모였으니 보다 분명한 부모로 전환하라.

가정도 경영이다

가정은 경영의 대상이고 부모가 CEO다. 결정권자로서의 CEO는 동시에 책임자다. 경영자가 경영철학이 있어야 하듯 가족경영에도 철학이 필요하고 기준과 원칙이 필요하다. 이에 가훈이나 가족사명선언문(Mission statement)이 필요한데, 가족사명선언문을 가진 가족이 훨씬 내적으로 성숙되어 있는 것은 그런 이유 때문이다.

회사든 단체든 모든 조직은 회의가 기본이다. 회의를 하는 목적은 하고 있는 일이 잘 되고 있는지의 여부, 달성한 실적에 대한 확인과 인정도 있고 할 일에 대한 준비와 정보공유도 있다. 회의에서 결정된 사항은 공신력을 가진다. 가정도 마찬가지다. 엄마나 아빠에게 개인적으로 부탁하는 것들도 가족회의에서 공식적으로 요청하고 공식적으로 지급할 때 공신력을 가진다. 한국 가정은 이런 부분이 턱없이 부족하다. 그래서 나는 싸가지 코칭을 의뢰해오는 가정에 필수처방으로 가족회의를 개최하라고 말한다. 자녀가 부모의 슬하에 있는 것은 부모의 도움을 받고 있다는 뜻이다. 그때의 자녀들은 부모의 말씀에 순종해야 한다. 의견충돌이 있을 때는 협상을 통해서 조율하는 법도 배워야 한다. 동기들 간의 소소한 갈등도 가족회의에서 부모의 중재를 통해 푸는 법을 배워야 한다.

가족회의가 좋은 것은 가족소통의 공식적 자리이기 때문이다. 영아기의 자녀들이야 회의 참석이 어렵겠지만 적어도 말을 하기 시작할 때의 자녀들은 자기 입장을 말할 수 있으므로 회의에 참석할 수 있다. 그때부터 수용되는 것과 안 되는 것에 대한 명확한 기준을 따르게 해야 한다. 거절도 명확한 설명이 있을 때, 근거가 명확할 때 아쉬움은 남겠지만 상처로까지 진행되진 않는다.

또한 가족회의는 의식(ritual)이다. 프로이트의 제자 카를 융(Carl Jung)은 개인이든 가족이든 조직이든 정기적 의식을 가질 때 응집력이 강해진다고 하였다. 정기적인 의식을 갖는 가족은 응집력이 강하다. 유교 문화권의 한국은 제사라는 가족 의식이 있긴 하지만 본질은 사라지고 형식만 남은 것 같아 안타깝다. 제사를 지내기 위해서 가족이 모이면 그 시간을 조상의 삶이 어떠했는지, 가족이 서로 어떻게 살아왔는지, 지금 어려움은 없는지, 피차 도울 일은 없는지 서로 살피고 묻고 도와주는 시간으로 활용해야 한다. 정말 조상의 영이 제사에 왔다고 가정할 때 자손들이 그렇게 하고 있는 모습을 본다면 흐뭇해 할 것 아닌가? 제사 문제로 가족끼리 갈등이 생겨 티격태격한다면 오히려 안 지내는 것보다 못한 일이 아닐까?

경제교육을 시켜라

부모는 자녀가 어릴 때부터 경제교육을 시켜야 한다. 용돈은 아이가 생활하는 데 필요한 비용이다. 학용품을 사는 것, 필요한 물품을 사는 것, 친구들과 간식 사 먹는 것, 교통비 등이 모두 포함되어 있다. 그 주어진 돈 안에서 아이는 적절하게 사용하는 법, 저축하는 법, 꼭 써야 할 자리에 쓰는 법 등을 배워야 한다. 용돈을 주면 용돈기입장을 쓰게 하여 일주일이나 한 달 동안의 출납내역을 보고하게 해야 한다. 문서로 만들어 가시화된 자료가 있어야 비교 분석이 가능하다. 돈이 어떻게 사용되고 있는지를 알아야 돈에 대한 규모도 확인할 수 있다. 용돈기입장을 쓰는 것은 단지 규제와 통제만을 위한 작업이 아니라 용돈 인상의 근거가 될 수 있다는 점도 주지시켜라. 또 용돈 외에 돈이 더 필요하다면 아이는 부모가 요구하는 특별한 일들을 통해서 벌게 해야 한다. 수고를 해서 얻은 돈은 함부로 쓰지 않는다.

우리 집 큰 아이(아들)에게 고등학교 졸업과 동시에 용돈을 끊는다고 세뇌시켰다. 한국의 상황상 대학등록금은 지원하지만 용돈은 스스로 벌어야 한다고 주지를 시켰고 아이는 결국 야간 편의점 아르바이트를 통해서 자기 용돈을 벌어 썼다. 용돈을 벌기 시작하면서 달라진 현상은 외식하는 날 메뉴 선택 시 맨 뒤로 빠졌다는 점이다. 아르바이트 하기 전에는 먹고 싶은 메뉴를 먼저 골랐던 아이였다. 그런데 막상 아르바이트를 하면서부터는 자기가 먹는 음식이 한 시간 이상 일을 해야 먹을 수 있는 것임을 알게 된 것이다. 부담

되는 가격인데 부모가 사 주는 것에 대해서 감사했다. 또 하나는 부모가 돈을 버는 부분에 대해서도 인정하고 존경하는 태도를 보였다. 강사로 활동하는 아버지의 수입에 대해서 예전에는 아무런 개념이 없다가 자기가 돈을 벌어보니 아버지의 브랜드 가치에 따른 수입의 의미를 새롭게 인식하게 되었다.

경제교육은 어릴 때부터일수록 좋다. 전 세계에서 경제교육을 가장 잘 하는 사람들이 유대인이다. 심지어 그들은 아이가 경제적 이익을 남기는 일이 있을 때 그런 것들을 허용해 주고 권장해 준다. 가령, 어떤 아이가 도매가로 구입한 학용품을 학교에서 아이들에게 소매가로 제공해 이익을 남긴다고 한다면 부모는 흔쾌히 허락을 한다. 단, 거짓이나 편법을 통해서가 아니라 정당한 방법으로 돈을 벌게 한다. 그렇게 집에서부터 시킨 경제교육 덕분에 세계의 금융시장을 석권하고 있는 것이다. 또한 사기를 당하는 일이 거의 없는 이유도 여기에 있다. 한국은 사기당해서 가정을 망치는 일이 의외로 많다. 그 원인 중 어릴 때부터 받지 못한 경제교육의 영향도 적지 않을 것이다.

내가 만난 어떤 부모는 대학생 자녀에게 신용카드를 통째로 맡기고 마음껏 쓰라고 하는 이였다. 그러니 씀씀이가 헤플 수밖에 없었고 급기야는 아들이 중고차까지 사서 학교에 타고 다니기도 했고 차가 싫증나면 이내 다른 차로 바꾸기도 했다. 그 카드 하나만 있으면 모든 게 해결되기 때문에 아르바이트할 생각은 아예 없었다. 대학생이 된 자녀에게 카드는 마법 지팡이와 같은 것인데 마법 지팡

이는 학령기 이전의 자녀에게만 필요하지 대학생 자녀에겐 필요치
않다.

체크리스트를 통해 점검하라

이 책은 '문제 부모'를 위한 책이기
도 하지만 지극히 '정상 부모' 또는 '보통 부모'들을 위한 책이며 '문
제 부모'로 오해받거나 스스로를 그렇게 여기는 사람들을 위한 책
이다. 또 문제 부모가 아닌데도 싸가지 없는 자녀들이 생겨나는 이
유와 대책에 대해서 설명하는 책이다.

내가 상담실에서 만난 부모들은 문제 부모가 아니었다. '문제 부
모'가 되지 않으려 많은 노력을 해 왔고 누구보다 성실하게 살아왔
던 분들이 더 많았다. 정말 '문제 부모'는 상담을 올 생각도 안 하거
니와 설령 오고 싶다 해도 비용과 시간을 지불할 만한 여력이 없다.
게다가 그런 부모로 인해 문제아가 된 자녀들은 학교의 위클래스나
교육청의 위센터를 비롯한 청소년 관련 공공기관이나 사설 단체에
서 전문적인 프로그램을 실시하고 있기 때문에 굳이 사설 상담센터
까지 올 필요가 없다. 나는 개인적으로 청소년 단체에서 일하는 분
들의 노고와 헌신에 감사하고 존경한다. 무한인내와 사랑으로 아이
들을 품어내는 모습에 감동한다. 어지간한 사명감 없이는 버텨내기
어려운 일을 하고 계신 분들이다.

어떤 경우는 굳이 상담오지 말고 집에서 할 수 있는 일부터 해 보
라고 한다. 가족회의 시행지침과 '싸가지 코칭 체크리스트'를 붙여

놓고(부록 참고) 집에서 싸가지 코칭을 시행해 보는 것이다. 그렇게 시행한 부모들 중 효과를 거둔 사례가 적지 않다. 가정도 경영이기에 직장생활을 해 본 부모가 그 개념을 명확히 알고 부모로서의 자신감을 가졌기 때문이다. 이 책을 읽고 싸가지 코칭의 원리와 개념을 명확히 깨달아 가정에서 부모가 자녀교육의 주체가 되길 바란다.

자녀교육에 대해 나름의 교육철학을 가지고 있던 분들은 나를 만난 즉시 자신감을 다시 회복했다. 주변 사람들이 다들 결핍 중심의 심리학에서 말하는 방식으로 행동을 하고 있으니 자신도 고집을 버리고 그렇게 해야 할 것 같은 불안감이 커졌다. 정확하게 알고 있음에도 불구하고 아무도 그렇게 하는 사람이 없으니 본인이 도리어 이상한 사람이 아닐까 하는 생각이 들기도 했단다. 억지 비유라도 들자면 마치 눈 두 개인 사람이 눈 한 개 있는 동네에 살다보니 졸지에 '눈이 하나 더 있는 장애인'으로 전락해서 눈이 한 개 더 있는 자신의 처지를 비관한 것과 같다. 어느 날 꿈속에서 창조주가 원래 사람은 '눈이 두 개가 정상'이라고 하여 자신이 정상이라는 것을 알게 되었다거나 아니면 우연찮게 여행을 가게 된 나라에서 그 나라 사람들은 다 눈 두 개로 살아가는 모습을 보고 자신이 정상임을 알게 된 경우라고나 할까?

체크리스트는 심은 이후 가꾸는 과정이다. 심지도 않고 거둘 수 있는 법칙은 어디에도 존재하지 않듯 가꾸지도 않은 정원이 아름다울 리 없다. 가정도 마찬가지다. 과수원은 일 년 내내 손길을 필요로 한다. 때마다 해야 할 과업이 있다. 가지치기, 솎아내기, 봉지 싸기, 약치기, 풀매기, 붙들어주기, 수확하기, 저장하기 등 모든 과정이 다 필요하다. 자녀교육도 마찬가지다. 그러니 체크리스트를 통해서 매일 확인하고 주 단위로 점검하고 월 단위로 비교하라.

지식보다
지혜를 가르쳐라

성취하는 경험보다
연결하는 경험이 인생의 지혜

　　　　　　　　　인생은 성취하는 경험인 일과 연결하
는 경험인 사랑으로 이루어진다. 학교는 성취하는 경험을 잘 하도록
도와주는 곳이며 가정은 연결하는 경험을 잘 하도록 돕는 곳이다. 우
리는 성취하는 일에만 초점을 두느라 연결하는 경험에 써야 할 에너
지를 죄다 성취하는 경험으로 보냈다. 그 때문에 자녀들은 어릴 때부

터 교육기관으로 내몰렸다. 그렇게 많은 시간을 학교에서 보내고 그것도 모자라 학원까지 가야 했고 휴일이란 개념까지 반납했다. 그렇게 자란 자녀들은 연결하는 경험을 전혀 못한 반쪽짜리 인간이 되었다. 그래서 한국은 행복지수를 거론할 때마다 늘 하위권이다.

연결하는 경험을 위해서는 교양이 필요하다. 교양을 위해선 예술이 필요하다. 능숙하게 다루는 악기 하나쯤은 있어야 한다. 그리고 연결하는 경험을 위해선 인간친화지능이 필수다. 미래사회는 AI로 대변되는 첨단과학문명의 혜택을 입겠지만 상대적으로 인간관계의 부족으로 발생하는 공허감은 더 커질 것이다. 따라서 사람을 좋아하고 사람을 유익하게 하고 사람과 지내는 것을 좋아하는 인간친화지능이 높은 자녀는 어딜 가든 사랑받고 인정받고 행복한 존재가 된다. 행복은 관계에서 나온다. 그래서 행복의 정의란 이렇다. "가까이 지내는 사람들과 사이좋게 재미있게 지내는 것이다."

학교가 생존의 기술을 가르치는 곳이라면 가정은 행복의 기술을 가르치는 곳이다. 학교에선 지식을 가르치지만 가정에선 지혜를 가르친다. 지식의 전달자는 교사이지만 지혜의 전달자는 부모다. 지혜가 월등하게 뛰어난 사람은 지식을 가진 사람도 활용할 줄 안다. 지식도 지혜를 만나야 제대로 빛을 발한다. 그러니 부모는 늘 자신이 자녀교육의 주체임을 잊지 않아야 한다.

슈르드(shrewd) 교육을 하라

상담을 하다 보면 부부가 위기를 맞

게 되는 이유 중 남편이 사기당한 일로 인한 것이 의외로 많다. 친구에게 보증을 서 주었다가 집을 통째로 날리게 되었다든지, 사기를 당해 퇴직금의 전부를 날리게 되었거나 하는 경우였다. 그래서 한국 사람은 사람이든 물건이든 "믿을 수 있는가 없는가?"를 제일 먼저 확인한다. 자녀들이 친구를 사귄다고 할 때도 그 친구가 믿을만한 친구인가 아닌가를 걱정한다.

이 세상을 살아가는 데는 생존의 지식도 필요하지만 남의 꾐에 속아 넘어가지 않는 명민함도 필요하다. 이것을 히브리어로 슈르드(shrewd)라고 한다. 이 영어 단어는 사실 히브리어를 있는 그대로 음차만 빌려왔다. 슈르드를 영어로 번역할 만한 단어가 없기 때문이다. 지혜(wisdom)라고 번역을 하기도 하지만 지혜와는 차원이 다르다. 굳이 한국어로 번역하자면 '남의 꾐에 속지 않는 기민함'을 말한다. 슈르드란 단어는 신약성경에 나온다. 예수님이 제자들을 파송할 때 "내가 너희를 세상에 보내는 것이 늑대에게 양을 보내는 것과 같다."는 은유를 사용하면서 두 가지 조건을 말씀하셨다. "그러므로 너희는 비둘기같이 순결하고 뱀같이 지혜로워라." 여기서 뱀같이 지혜로워라(shrewd as snakes)'라고 할 때 쓴 단어가 슈르드이다. 세상을 사는 동안 악한 사람, 사기 치는 사람이 끊이지 않겠지만 그럴 때마다 능숙하게 대처하여 꾐에 빠져들지 않는 지혜가 절대적으로 필요하다. 유대인 자녀들과 같이 학교를 다니는 미국인 자녀들은 이렇게 말한다. "유대인들은 영리해서 어떤 어려운 상황에 처해도 처신을 잘하여 상대방이 놓은 덫에 걸리지 않잖아요. 여간해서

왕이 된 자녀 싸가지 코칭

사기도 당하지 않아요."

신약성경에는 예수님의 대적들이 딜레마에 빠질 수밖에 없는 난해한 질문을 하는데 그때마다 예수님은 그 꾐에 빠져들지 않고 특유의 슈르드로 상황을 모면한다. 예를 들면 현장에서 간음하다 잡힌 여인을 죽일까 말까라고 물어오는 난감한 상황에, 죽이라고 하면 사랑이 없고 살리라고 하면 율법을 어기게 되니 어떻게 하든 걸릴 수밖에 없는 딜레마다. 그때 예수님은 땅바닥에 글씨를 쓰다가 일어나서 "죄 없는 자가 돌로 먼저 쳐라."라고 말씀하셨고 양심의 가책을 받은 사람들은 들었던 돌을 슬그머니 내려놓고 집으로 돌아갔다.

슈르드는 어릴 때부터의 까다로운 율법 교육에서 생성된다. 유대인은 자녀가 세 살만 되면 이 까다로운 법을 줄기차게 가르친다. 법교육을 많이 시키면 사람이 매사에 까다로워져 대충대충이라는 게 없어진다. 그만큼 자기 절제가 잘 되고 맡은 일에 철저하다. 유대인은 모세오경에 쓰인 613개의 율법을 지킨다. 여기에는 '행하라'라는 명령법 248개와 '하지 말라'라는 금지법 365개가 들어 있다. 일반 세상엔 현행법만 있으나 도리와 탈무드에는 종교법, 양심법, 윤리와 도덕법, 현행법 및 생활하고 생각하는 데 필요한 모든 법이 포함되어 있다. 이러한 광범위한 법은 그들의 인성교육에 절대적인 영향을 미친다.

내가 싸가지 코칭을 의뢰해 오는 부모들에게 가정에서 '가족회의'를 시행하라고 하는 이유도 이것이다. 되는 것과 안 되는 것의 기준이 명확할수록 부모의 권위도 서고 아이들은 슈르드를 배울 수 있기 때문이다. 한국의 부모들은 대체적으로 허용적, 과잉적이어서 너무 느슨한 것이 문제다. 이로 인해 자녀들은 책임감이 빈약하고 자기 앞가림을 제대로 못하며 자기 절제가 안 된다. 가족회의를 하면 의견 조율하는 법도 배울 수 있고 부모가 어떻게 살고 있는지도 모델링이 될 수 있다.

중독에 빠진 자녀에게 일러줄 말

> **사례) 자기 조절을 하는 자녀에게 게임은 충전시간이다.**
> 오래 전에 고3 아들 때문에 상담을 요청한 엄마가 있었다. 야간 자율학습을 마치고 오면 자정인데 씻고 나서 매일 한 시간 동안 게임을 한다는 게 엄마의 불만이었다. 안 그래도 고3이라 힘들 텐데 게임한다고 잠을 늦게 자는 게 못내 안쓰럽단다. 아침에 기상하고 학교 가는 것에 지장이 있냐고 했더니 여태껏 그것이 문제된 적은 없다고 했다. 그리고 학업 성적도 잘 받아오고 있고 자기관리를 잘 하는 아이라고 인정은 된단다. 자기 할 일을 잘 이행하고 있다면 한 시간의 게임은 휴식이다. 그래서 그건 그 아이가 자신의 일을 잘 하고 있는 것에 대한 보상 차원이니 편하게 할 수 있도록 허락해 주라고 했다. 아들에게 신경 쓸 에너지는 본인을 위해서 투자하라고 했더니 미뤄두었던 공부를 다시 시작했다.

많은 분이 스마트폰에 빠진 자녀, 게임중독에 빠진 자녀에게 '금지'만이 아니라 뭔가 합당한 설명을 해 줘야 한다는 생각은 드는데 딱히 할 말이 없다고 말한다. 그렇다면 아래와 같이 말해 주어라.

첫째, 스마트폰과 게임의 본래 목적을 알아라. 스마트폰은 말 그대로 스마트한 물건이다. 다양한 기능이 존재한다. 이것을 잘 활용하면 엄청난 이익을 얻는다. 공부하는 데도 운동하는 데도 유용하다. 그런데 시간 죽이기(Time killing)용으로 오락용 유튜브만 시청한다든지 시답잖은 잡담만 하고 게임을 위해서만 사용한다면 스마트폰이 아니라 게임기나 비디오플레이어 정도밖에 안 된다. 게임은 말 그대로 즐거움을 위한 용도. 그 즐거움은 더 중요한 일을 하기 위한 충전이요 살아가는 동안 즐거움을 느끼게 하는 행복의 수단이다. 마음껏 게임을 한다는 말은 안정과 안전이 보장된 상태라는 뜻이다. 부모의 슬하에 있을 때는 부모가 울타리와 보장이 되지만 어른이 되면 스스로가 울타리와 보장을 만들어야 한다. 그 준비를 할 시기에 스마트폰과 게임에 몰두하면 나중에 스마트폰도 게임도 제대로 할 수 없는 상태에 빠진다. 하루 종일 스마트폰만 만지고 하루 종일 게임만 해도 되는 세상은 어디에도 존재하지 않는다.

둘째, 스마트폰이 몸의 일부라면 몸을 위해 존재해야 한다. 각 신체 기관은 몸을 위해서 존재한다. 요즘 자녀들에게 있어 스마트폰은 신체의 일부다. 태어나면서부터 손에 쥐어진 매체이기 때문에 스마트폰을 뺏는 것은 신체의 일부를 잘라 낸 것으로 느껴질 것이다. 어떤 감각기관 하나를 잃었기 때문에 그로 인한 불편함은 이루 말할 수 없다. 산에서 멧돼지와 맞닥뜨렸다거나 길에서 강도를 만났다고 생각해 보자. 그러면 심장은 빠른 박동으로 온 몸에 혈액을 공급하여 여차하면 도망을 가거나 주먹을 쥐고 싸울 수 있도록 몸을 준비시킨다. 또한 아드레날린을 분비해서 몸의 감각을 최대한 예민하게 만든다. 그렇게 상호협력해야 할 몸의 각 기관이 서로를 공격한다면 어떤 일이 생길 것 같은가? 어느 날 손이 주먹을 꽉 쥐더니 자기 머리를 계속 세게 때린다면 어떤 일이 생길까? 기절하거나 두뇌에 심각한 손상을 입지 않을까? 과도한 스마트폰 사용과 게임중독은 그와 같다. 용도에 맞지 않게 사용하는 것은 결과적으로 자기를 죽이는 행위다.

셋째, 스마트폰과 게임은 사이드 메뉴다. 패밀리 레스토랑에 가면 메인 메뉴와 함께 사이드 메뉴가 나온다. 스테이크를 시키면 소스와 채소 종류가 곁들여 나온다. 스테이크가 메인 메뉴고 채소는 사이드 메뉴다. 그런데 스테이크 크기는 10%이고 채소가 90% 이상이라면 어떨 것 같은가? 아마 당장 주인에게 따질 것이고 두 번 다시 그 식당엔 가지 않을 것이다. 스마트폰과 게임이 사이드메뉴라면 주 메뉴는 자신에게 주어진 일이다. 어른에게는 주메뉴가 생계를 위한 직업이요, 인생 준비 기간에 있는 자녀에게는 직업 준비 과정인 학업이다. 학업이 아니라면 배우고 있는 기술이다. 그래서 메인 메뉴인 학업(기술)을 이수하면서 사이드 메뉴로 스마트폰과 게임을 하는 것은 얼마든 괜찮다. 오히려 학업의 스트레스를 풀어주고 효율을 높이는 방법이 된다.

넷째, 스마트폰과 게임의 과도한 사용은 사람을 멍청하게 만든

왕이 된 자녀 싸가지 코칭

다. 스마트폰과 게임은 쾌락중추를 활성화시킨다. 아드레날린이 분비되어 마약을 맞은 것같은 효과를 얻는다. 그런데 그 일로 인해 생각하는 기능을 잃어버린다. 진지하지 못하고 깊게 생각하지 못하고 복잡한 것을 극도로 싫어한다. 그래서 조금만 골치 아픈 일이 있으면 회피하고 게임이나 스마트폰이 주는 자극으로 도피하고자 한다. 미래사회는 열심히만 산다고 되는 세상이 아니다. "열심히 일하라!(Work Hard!)"가 아니라 "열심히 사고하라!(Think Hard!)"의 시대라 통합적 사고의 힘이 필요하다. 통합적 사고를 형성하려면 이것저것 다양한 경험을 해 봐야 하고 독서를 통해 생각의 지평을 넓혀야 한다. 또한 미래는 모든 것이 결합되는 크로스 오버(Cross Over)의 시대이기 때문에 창의력이 필요하다. 전혀 맞지 않을 것 같은 생뚱맞은 요소들도 결합해 봐야 한다. 그런데 어릴 때부터 스마트폰이나 게임 같은 단순 자극에 중독되면 그런 기능이 아예 생성되지 않거나 생성된다 하더라도 제대로 기능하지 못한다. 그렇게 단순해진 사람은 결국 사회에 적응하지 못해 소외되거나 극빈자로 살 수밖에 없다. 준비된 사람에게 미래는 떠오르는 태양이지만 준비되지 않은 사람에게 미래는 칠흑 같은 어둠이다. 미래학자들은 미래로 갈수록 빈부격차가 더 크게 벌어질 것이라고 예견한다.

다섯째, 인간관계 맺는 법을 배우지 못하게 한다. 사람은 혼자서는 살 수 없다. 스마트폰과 게임은 혼자서 한다. 혼자 있는 시간을 너무 즐기면 다른 사람과 교류하는 시간이 턱없이 부족해 사람 사귀는 법을 못 배운다. 하버드대 하워드 가드너(Howard Gardner) 교수는 다중지능이론에서 여덟 가지 지능을 말하고 있는데, 그의 다중지능이론에서 어떤 지능이 꽃을 피우기 위해선 두 가지 지능이 바탕이 되어야 한다고 강조한다. 그 중의 하나는 '자기성찰지능'이고 또 하나는 '인간친화지능'이다. 결국 미래로 갈수록 사람을 좋아하고 다른 사람과 풍성한 교류를 맺는 사람이 성공한다는 뜻이다. 학생 때는 평생을 같이 갈 친구를 사귀는 시간이다. 친구를 사귀려면 공부를 하든 운동을 하든 함께하는 시간이 많아야 한다. 같이 어울리는 시간이 있어야 친밀한 관계가 되는데 혼자만의 시간만 보내다 보면 그럴 기회를 잃게 된다. 게다가 미래사회는 경쟁의 시대가 아니라 상생의 시대이다. 더불어 살아가야 하고 누군가를 도와야 하는 시대다. 따라서 더불어 사는 법은 반드시 익혀야 할 기술이다. 또 좋은 인간관계는 행복과 장수의 비결이다. 세계 장수촌의 특성을 조사한 내용에는 소식(小食)을 하고 노동을 하고, 채식 위주의 식사를 하고 공기가 좋은 곳에서 산다고 한다. 그러나 환경적 요소가 불충분한데도 장수하는 사람들이 있다. 좋은 친구가 많은 사람들이었다. 즉 좋은 인간관계가 장수의 조건이었다. 따라서 스마트폰과 게임에만 빠져서 사람 사귀는 법을 놓치고 좋은 친구 만드는 시간을 놓치면 행복과 장수를 보장받지 못한다.

여섯째, 인생을 즐기기 위해서다. 즐길 수 있다는 것은 그만한 능력이 있다는 것을 전제한다. 경제적 능력, 지적 능력, 관계적 능력 등 능력이 있어야 누릴 수 있는 것들이 많고 능력을 통해 즐기는 것은 그만의 특권이요 행복이다. 어느 누구도 손가락질할 수 없는 정당한 권리다. 세상에 사는 동안 당당하게 누리고 즐겨라. 그러려면 준비 기간에는 준비를 해야 한다. 하다못해 캠핑을 가더라도 텐트를 쳐 놓고 먹을거리 준비를 다 한 후에라야 무엇을 하고 즐기든 좋은 것처럼 말이다. 텐트도 없고 먹을거리도 없는데 밤에 캠핑을 즐기는 것이 가능할까?

농부는 종자포대를 안고 죽을지언정 절대로 먹지 않는다. 종자는 미래를 위한 보장이기 때문이다. 지금 당장 먹을 게 없다고 종자까지 삶아 먹는다는 것은 죽기를 작정했다는 뜻이다. 종자는 목숨 걸고 남겨두었다가 봄이 오면 씨앗을 뿌려 농사를 짓고 더 많은 식량을 확보해야 한다. 인생 준비 기간인 학창시절에 스마트폰에 빠져 사는 것, 게임에 빠져 사는 것은 종자를 삶아 먹는 행위와 똑같다. 그래서 어른이 되었을 때 할 수 있는 게 아무것도 없다. 심을 종자가 없기 때문에 거둘 것은 당연히 없다.

베푸는 사람으로 키워라

베푸는 것도 힘이다. 몇 해 전 울릉도로 부부세미나를 진행하러 간 때였다. 태풍이 지난 직후라 울릉도행 배의 출항 여부가 불투명했다. 삼척에서 배가 안 뜬다 하여 포항으로 내려갔다. 그때 포항에서 몇 사람의 도움을 받았다. 그들은 이전에 내가 시행했던 무료강좌에 참석했던 사람들이었다. 그 강좌는 새해 첫날을 나누는 삶으로 시작하자는 취지에서 연 것이었고 그때 포항 사람 몇이 의기투합해서 참석했었다. 그때 베푼 호의가 돌아왔다. 내가 포항에 간다는 소식을 듣고 반가이 달려왔고 울릉도 배편에 관한 상황을 이야기 했더니 걱정하지 말라며 나를 안심시키고 모든 인맥을 동원해서 배표를 구해주었다. 우리는 세상을 살아가는 동안 눈에 보이든 보이지 않든 서로 도움을 주고받으며 살아간다. 내가 주는 작은 도움이 어떤 이에겐 큰 힘이 되고, 다른 사람의 작은 도움도 나에겐 정말 큰 힘이 되기도 한다. 결국 서로서로 돕고 살아간다. 내가 베푸는 호의는 언젠가 선으로 돌아오니 일종의 보험이다.

'세레요한의 기쁨'이라는 관용 표현이 있다. 친구가 잘 되는 모습, 행복한 모습을 보는 내가 더 큰 기쁨을 가진다는 뜻이다. 첫날밤은 인간이 가질 수 있는 최상의 기쁨을 표현하는 말이다. 그 첫날밤에 신부를 맞이한 신랑의 행복은 얼마나 클까? 그런데 첫날밤의 주인공인 신랑을 지켜보는 친구가 더 기뻐한다니 진정한 친구다. 이기적인 사람은 결코 친구를 만들 수 없다. "돈을 잃더라도 사람을 잃지 말라."라는 가르침은 부자들의 생활철학이었다. 결국 사람이 돈이요, 사람이 생명이요, 사람이 행복이라면 어찌 관계를 포기할 수 있을까?

풍요로운 시대에 태어났음에도 자녀들이 행복을 느끼지 못하는 것은 이기적으로만 성장했기 때문이다. 이기적인 사람의 행복지수는 이타적인 사람에 비해 낮다. 사람의 행복은 대체로 관계에서 오는 것이 많기 때문이다. 이타적인 사람은 관계가 풍성한 반면 이기적인 사람은 관계의 폭이 좁고 교류하는 사람이 적다. 사람과 사람

왕이 된 자녀 싸가지 코칭

은 피차 주고받는 에너지가 있는데 교류하는 사람이 많을수록 많은 에너지를 받는다. 피상적인 만남과는 사뭇 다르다. 일상적인 만남은 일을 통해 피상적으로 만나는 것이고 관계는 마음과 마음을 나누는 깊은 만남이다. 그래서 일을 잘해 유능한 존재일지라도 관계적인 부분이 턱없이 부족해 불행을 느끼는 사람도 많다. 반대로 관계적인 부분이 풍성한 사람은 일에서 다소 부족해도 행복지수가 월등하게 높다.

자녀가 행복하길 바란다면 어릴 때부터 이타적인 존재로 키워야 한다. 시골에서는 전 부치는 날, 메밀묵이나 도토리묵 쑤는 날, 두부 만드는 날엔 아이의 손에 음식을 들려주어 이웃집에 갖다 주라고 심부름을 보냈다. 좋은 것은 나눠 먹어야 한다는 것을 가르치는 교육이었다. 또 이웃집에서 그런 음식을 가져오는 것을 보았고 그렇게 교류하면서 정을 쌓아가는 것도 보았을 것이다. 그것이 그 시대의 인성교육이었고 행복교육이었다. 아파트는 독립된 공간으로 사생활은 완벽하게 지켜질지 몰라도 사람과 사람이 교류하는 양은 턱없이 부족하다. 대도시의 인구밀도가 엄청 높음에도 불구하고 홍수에 먹을 물 없어 목말라 죽는나는 말처럼 살아가고 있다. 현대인의 정신적 질병은 대개 고독에 의한 질병이다.

사람과의 관계가 풍성한 사람은 대개 베푸는 사람이다. 어떤 사람과 가까워지려면, 자주 만나고 대화하며 소중하게 여겨주어야 한다. 아무리 가까운 관계라도 자주 만나지도 않고 대화도 없이 소홀하게 대하면 자연히 멀어질 수밖에 없다.

코칭을 위한 공감과
질문을 사용하라

외관상 보이는 싸가지 코칭은 부모가 중심이 되어 기준과 원칙을 세우는 것이다. 그렇다고 해서 자녀교육의 마스터키로 오해하면 안 된다. 케이스 바이 케이스다. 응용하는 것은 좋지만 맹목적인 신뢰는 되레 관계를 악화시킬 수 있다. 싸가지 코칭은 표면상으로는 드러나는 문제행동을 줄여나가는 것이지만 궁극적으로는 자녀의 밑 마음까지 읽어내어 부모-자녀간의 화합으로 이어지는 것이고 세상으로 나아갈 수 있는 유능한 자녀를 만드는 것이다.

사례) 싸가지 코칭은 만능 해결사가 아니다.

L씨의 외동딸은 중 2가 되면서부터 방문을 걸어 잠갔다. 벽에 가족그림을 그려놓고 난도질하는 모습을 묘사해 놓았다. 특히 아빠와는 아예 마주치지도 않고 말도 섞지 않는다. 아빠가 집에 있으면 식탁에 안 나오고 음식을 시켜 먹는다. 아빠가 무슨 이야기를 하면 악다구니를 쓰며 대든다. 몇 번 대화를 시도하던 아빠가 분노를 참지 못해 아이를 때린 적도 있었다. 아이는 마음의 문을 더 굳게 닫았다. 어느 날 아빠가 《다 큰 싸가지 코칭》을 읽고 "이것이다!" 싶어 그때부터 아이에게 행동의 기준과 원칙, 가족회의 할 것을 제시했다. 아이는 더 반항했다. 어릴 때는 둘이 죽고 못 사는 관계였고 딸 바보 아빠였는데 중 2가 되면서 철천지원수가 되었다. 아빠는 계속 관계를 풀어보려고 시도했다가 번번이 거절당하자 분노지수가 극에 달했고 "그런 식으로 나오면 정신병원에 처넣을 거다."라고 거친 언어를 퍼부었다. 싸가지 코칭을 시행하려다 관계만 더 악화되었다.

가끔씩 내 책을 읽고는 "맞아! 이렇게 해야 돼."라면서 혼자 싸가지 코칭을 시도했다가 도리어 관계를 악화시키는 경우가 있다. 관계적인 부분이 정립이 안 된 상태에서 일방적으로 시도하는 싸가지 코칭은 도리어 더 큰 상처가 되어 아이로 하여금 마음의 담을 더 높이 쌓게 할 수 있다. 싸가지 코칭을 시작하기 전에 아이가 보이는 문제 행동의 이유부터 탐색을 해 봐야 하고 그것이 부모-자녀의 관계 패턴에서 유래한 것인지 그냥 일찍부터 왕이 된 자녀의 싸가지 없는 행동인지 확인해야 한다. 경우에 따라 싸가지 코칭을 의뢰해 온 부모와 자녀의 기본적인 관계 형성부터 시도하는 사례도 있다. 이때는 위로와 공감하기, 경청하기, 안아주는 환경 제공하기 등 기존의 아이 중심 상담법이 아주 유용하게 쓰인다. 관계를 새로 정립하는 과정에서 자연스레 문제 행동이 사라진 사례도 적지 않다. 무조건 싸가지 코칭이 정답이라고 여기면 낭패를 볼 수 있다.

L씨의 사례처럼 어릴 때는 관계가 좋았다가 아이가 어느 정도 성장했을 때 철천지원수가 되는 경우는 아이가 부모의 '마스코트'였을 때다. 마스코트란 언제나 예쁘고 언제나 자랑할 만하고 내가 원하는 것이라면 언제 어디서든 그런 모습을 보여주어야 한다. 어릴 때의 마스코트는 외모도 출중하고 공부도 잘하고 예체능 쪽의 실력도 뛰어나고 또 애살맞게 달려와서 안기는 일도 자연스럽다. 마치 애완동물처럼 늘 예쁘고 귀여운 모습으로 있으면서 애교를 떠는 존재로 남아 있기만 하면 먹을 것, 입을 것, 자기 방 등 모든 것을 제공받는 존재다. 어릴 때는 이상적인 가정의 모습으로 비춰지기도 하며 부모에겐 살아가는 이유가 되고 또 남들의 부러움을 받기도 한다. 그러다 아이가 성장하면서 '나'를 찾기 시작하고 자신의 바람과 욕구를 찾기 시작하면서 자기 색깔을 내려고 한다. 그동안은 부모의 부분집합으로 살아왔던 아이가 독립된 개체로 살아가려 한다.

발달과정에서 지극히 자연스런 현상인데 자녀를 마스코트로 길렀던 부모는 이것을 버림받음으로 해석한다.

마스코트로 자란 아이는 주인과 애완동물의 관계처럼 예쁜 모습, 공부 잘하는 모습, 예체능을 잘 하는 모습만 수용될 뿐, 그 이면의 절망과 아픔, 고독과 슬픔, 분노를 비롯한 감정이 제대로 수용된 적이 없다. 마스코트는 그런 부정적 감정을 느끼는 것 자체가 죄악이라 여긴다. 아이가 슬퍼하는 상황이 되어도 "넌 슬플 이유 없어. 자! 환하게 웃어야지?", "네 분노는 이유가 없어. 화내지 말고 재롱을 피워 봐."라는 식으로 대한다. 아이는 자신의 존재(Being)가 온전히 수용된다는 느낌을 갖지 못한다. 이 경우도 아이는 심리적 고아다. 그래서 아이는 지속적인 거절감을 느끼고 누적된 거절감은 어느 시점부터 극단적 분노로 표출된다. 아이의 분노는 자기가 하는 행동(Doing)이 아니라 존재(Being)로 봐 달라는 몸부림이다.

L씨의 사례에서 아이가 아빠의 마스코트였지만 엄마는 아이를 그렇게 대하지 않았다는 게 다행이었다. 그래도 소통할 수 있는 엄마가 있기 때문에 희망이 있다. 이런 경우 싸가지 코칭의 주체는 아빠가 아니라 엄마여야 한다. 엄마가 조금씩 기준과 원칙을 설정하고 피드백을 통해 아이의 행동을 교정해 가되, 아빠는 우선 자녀를 마스코트로 만들어 넣어놓았던 새장을 제거해야 하고 아이가 창공을 날 수 있도록 풀어줘야 한다. 이젠 부분집합에 속했던 아이가 아니라 완전히 독립된 개체로서 살아갈 수 있도록 'Let Her Go!'를 시행해야 한다. 딸 바보였던 아빠들은 아이가 분리 독립하는 것을 자

기를 거절하는 것으로 인식하고 허탈감과 공허감에 빠져 힘겨워 하지만 이건 힘겨워 할 일이 아니라 축하하고 기뻐할 일이다. 이젠 더 이상 내 품 안의 아이가 아니란 점을 받아들이고 더 넓은 세상으로 보내야 한다. 그렇게 하더라도 어릴 때부터 둘 사이에 친밀감이 워낙 두텁게 형성되어 있기 때문에 창공을 날던 아이가 가끔씩 지친 날개를 쉬러 오기도 한다.

그 다음에는 어떤 일이 생길까?

"그 다음에는 어떤 일이 생길까?" 자녀와의 대화에서 부모가 많이 사용해야 할 질문이다. 아이들은 감정적 격앙, 순간의 충동, 주관적 상처 등으로 인해서 부모를 위협하거나 극단적인 행위로 엄포를 놓기도 한다. 그럴 때 많은 부모가 정말 그런 일이 생길까 두려워 아이의 요구를 들어주거나 제발 그러지 말라고 사정하는 일까지 생긴다. 결국 아이는 상전이 되고 부모는 종으로 전락하게 된다.

아이들이 "죽여버릴 거야.", "죽어버릴 거야.", "확 불 질러 버릴 거야."라는 식으로 말할 때는 감정적 격앙 상태다. 따라서 이때는 냉정한 이성이 작동되지 않기 때문에 그 감정을 받아주는 건 좋지만 내용까지 곧이곧대로 받아들이면 안 된다. 그럴 때 부모는 "그런 말 함부로 하는 거 아니다.", "그렇게 극단적인 표현은 삼가라", "그런 말 하지 마라."라고 엄히 말해 주어야 한다. 그리고 "그런 일이 생겼을 때 그 다음은 어떤 일이 있을 것 같아?"라고 생각하게 하는 질문

왕이 된 자녀 싸가지 코칭

을 던져야 한다.

때론 그 자리에서 바로 대답을 들을 수도 있지만 때론 화두를 던지듯 생각하게 하고 나올 필요도 있다. "그렇게 하면 어떤 일이 생길까? 이따 저녁 9시에 이야기 하자."라고 해야 한다. 그러면 아이는 생각하게 되고 혹 생각을 하지 않고 있더라도 9시에 불러 생각을 말하게 하면 된다.

문제는 세 관점으로 해석하라

문제를 다룰 때는 세 가지 차원 즉, 사람(person)의 문제인지, 과정(process)의 문제인지, 환경(system)의 문제인지를 확인해야 한다. 모든 문제가 다 자녀만의 문제는 아니다. 이를테면 아이가 "학교 가기 싫다."라고 할 때, 무조건 아이만의 문제라고 여기지 말고, 과정의 문제인지 환경의 문제인지를 나눠 살펴보아야 세 가지 차원의 대안이 나온다. 그리고 지금 당장 해결할 수 있는 일과 시간을 두고 해결할 일을 구분하라. 학교 가기 싫어하는 게 아이의 문제라면, 게으름이 원인일 수 있다. 밤늦게 게임을 하느라 늦잠을 자고 아침에 못 일어나 지각을 하게 되고, 지각을 반복하면 아예 결석으로 이어지게 되어 학교 가는 것 자체가 싫어질 수 있다. 과정의 문제라면 학교 수업의 내용, 수업 방식, 방향 등을 살펴봐야 한다. 환경의 문제라면 학제 편성, 교과목의 비율, 교사와의 문제, 친구들의 성향, 친밀도, 학교 폭력, 불편한 아이들 등이 있는지 확인해보자. 그렇게 구분을 하면 조금 다른 관점이 보이고 내 문제가 얼마만큼 인지도 알게 된다.

문제는 어떻게 바라보는가에 따라 달라진다. 그래서 학교의 과정이나 환경의 문제로 힘들어 하고 있다면 위로와 격려도 필요하고 그것을 이겨낼 수 있도록 용기도 주어야 한다. 무조건 아이 잘못이라고, 아이의 게으름이라고 단정짓고 꾸중만 하면 아이는 상처 난 데 소금을 뿌리는 부모로부터 더 큰 아픔을 느끼게 된다.

그리고 '기적 질문'이나 '예기치 않은 질문'들을 던져 보는 것도 좋다. "만약, 네가 학교의 교장이라면 어떤 학교를 만들고 싶니?"라는 질문을 던져보자. 그러면 아이가 희망하는 것을 알 수도 있다. 기적 질문이란 아주 특별한 일이 성취되었다고 생각하는 것이다. "내가 수능 만점자라면 어떤 대학 어느 학과로 진학할 것인가?", "오디션 프로그램에 참가해서 1등을 하게 되었다면?"과 같은 질문도 좋다. 어른들이라면 복권에 당첨되었다거나 하는 일이 잘 되어서 대박이 났다면 어떨 것인가와 같은 질문들이다. 기적 질문을 통해서 평소에 겉으로 내색은 안했지만 마음으로 열망하고 있는 것이 무엇인지를 알게 된다.

나는 상담 현장에서 물음 하나가 인생을 통째로 바꾸는 것을 수없이 보고 있다. 공감하고 위로하는 상담이 아니라 도리어 질문을 던져줌으로써 스스로 생각하도록, 문제라고 여겼던 것들이 정말 문제인지를 되짚어 봄으로써 그 문제를 뛰어넘게 하거나 문제가 더 이상 문제가 아님을 깨닫게 하는 것이다. 죽을 문제라고 생각했는데 질문을 통해 다시 생각해 보고 죽을 문제가 아니라고 깨닫는다면 더 이상 문제가 아니다. 한 번은 자신이 너무 강직하게 살아서 친구가 많지 않다는 것 때문에 문제의식을 느끼고 상담요청을 해 온 이에게 "아부도 능력 아닐까요?"라는 질문을 던진 적이 있다. 그는 이 질문을 듣고 자신이 가진 생각의 틀이 문제가 되고 있다는 것을 비로소 인정했다. 아부도 엄연한 능력이다. 아부할 수 있지만 안 하는 것과 못 하는 것은 엄연히 다르다. 아부를 하려면 아부하려는 사람의 장단점을 정확히 알아야 한다. 그러려면 세심한 영역까지 밝아야 하고 탁월한 관찰력을 가져야 하며 평소에 관심을 두고 있어야 한다.

자녀는 부모에게 아부도 할 줄 알아야 한다. 알랑방귀를 뀌는 법도 알아야 한다. 그러려면 적절한 타이밍을 맞추는 섬세함이 필요하다. 임기응변에 탁월하고 처세술에 능한 자녀는 부모를 칭찬할 줄 안다. 부모는 자식이 해 주는 칭찬을 들을 때 다른 사람이 주는 칭찬보다 훨씬 더 큰 행복을 느낀다. 만약, 아이가 부모를 칭찬하고 아부해서 자신이 원하는 것을 얻어간다면 그 아이가 교활하다고 핀잔하기보다 그 유연함과 유능함을 기뻐하라. 그런 아이는 사막에 내놓아도 거뜬히 살아남는다. 태풍이 불 때 나무는 뿌리까지 뽑히는 일이 생기지만 갈대는 절대로 그런 일이 없다. 바람이 부는 방향으로 유연하게 몸을 움직이기 때문이다. 갈대가 연약하다 말하지말고 태풍이 지나가도 부러지지 않는 유연성을 칭찬하라.

학교 가기 싫어하고 공부하기 싫다는 자녀 문제로 싸가지 코칭을 의뢰하는 부모들이 많다. 물론 아이들이 학교 가기를 싫어하고 공부하기를 싫어하는 이유에는 아이 개인의 문제도 있지만 공부의 방법과 내용이라는 과정(process)의 문제, 학교라는 시스템의 문제도 결코 적지 않다. 충분히 이해할 수 있다. 그런 이유가 명확해서 학교 공부 대신 다른 공부나 진로를 택한다면야 그것 역시 또 하나의 공부이기 때문에 대안이 될 수 있지만 무작정 싫다는 이유만으로 학교에 가지 않고 공부를 하지 않는 것은 게으름의 문제요 폭군으로 군림하겠다는 것밖에 안 된다.

공부를 해야 하는 이유에 대해서 말해주고 싶은데 뭐라고 말해줄지 모르겠다는 분들이 많다. 자녀들에게 이렇게 말해 주어라. 공부를 해야 하는 열 가지 이유다.

첫째, 학교와 공부는 특별한 권리다. 지금도 굶어 죽는 사람이 많은 극빈국의 자녀들 중에는 부모가 너무 가난해서 학교를 가고 싶어도 갈 수 없는 환경에 놓인 아이들이 많다. 또 기근이나 내전으로 인해 부모를 잃고 어린 자녀들끼리 살아남느라 공부는커녕 끼니조차도 해결하기 어려운 환경에 놓인 아이들도 많다. 특권이라는 표현이 선뜻 이해가 안 되겠지만 학교에 갈 수 있고 공부할 수 있다는 것, 생계를 책임지지 않고 인생 준비를 위한 공부를 할 수 있다는 것은 지구에 사는 사람 중에 특별한 권리를 부여 받은 사람에 속한다는 뜻이다. 작고 얇은 책《지구가 100명의 마을이라면》에선 이렇게 말한다.

"지구가 100명의 마을이라면 학교에 다녀야 할 나이의 어린이
는 38명이다. 하지만 이 중에서 31명만이 학교에 가서 읽고 쓰는
법을 배운다. 나머지 어린이들은 다닐 수 있는 학교조차 없다. 어
떤 어린이들은 논과 밭, 공장에서 가족의 생계를 위해 일을 해야
한다. 집안일을 돕느라 학교에 못 가는 어린이들도 있다. 100명
중 7명은 평생 동안 읽거나 쓰는 법을 배우지 못한다."

또 생활환경에 대해선 이렇게 말한다.

"지구 마을 100명 중 40명은 수도가 없는 곳에 살며, 17명은
글씨를 전혀 읽고 쓰지 못하고, 20명은 하루 1달러도 안 되는 돈
으로 살아간다. 24명은 전기가 없는 곳에 살고, 텔레비전을 가진
이는 24명, 컴퓨터를 가진 사람은 7명뿐이다."

둘째, 학교와 공부는 인생을 살기 위한 준비 과정이다. 비록 본인
의 의지와는 상관없이 사회가 정해 놓은 규칙과 규범이긴 하지만
지구라는 별에 태어난 이상 어느 나라 어느 사회에 있든 학교는 가
야 하고 공부는 해야 한다. 나라에서 의무교육으로 규정해 놓았다
는 것은 그 나이까지는 의무적으로 학교를 가야 한다는 뜻이다. 또
학교 공부를 통하지 않으면 사회 구성원으로서의 기본 자격을 갖추

지 못한 것으로 간주되어 어디에도 낄 자리가 없다. 검정고시나 대안학교같은 곳은 동일한 학력으로 보되 다만 학습방법이 다른 곳으로 인정된다. 학교는 생존을 위한 교육, 살아가는 것에 대한 기본 교육을 시켜주는 곳이고 학교 공부를 잘 하면 안정된 생활을 보장받는다. 그의 미래는 생존하는 데 있어 확실한 보장이 되고 세상에서 유능한 존재로 살 수 있는 특권이 생긴다. 그래서 공부를 잘 해서 얻는 유익은 많다. 명문대를 나와 안정되고 고소득을 보장받는 직업을 가질 수 있다. 부가적으로 높은 지위와 명예까지 주어진다.

셋째, 하기 싫은 것도 해야 하기 때문이다. 인생을 살면서 하고 싶은 대로 할 수 있는 유일한 시기는 영아기 뿐이다. 사람은 하고 싶은 일만 하면서 살 수 없다. 세상 그 누구도 하고 싶은 일만 하면서 살지 않는다. 때론 하기 싫어도 할 일은 해야 하고 하고 싶은 일도 때와 장소에 따라서 유보하거나 포기해야 할 때가 많다. 이를 '자기통제력'이라고 한다. 자기통제력은 성공하기 위해 반드시 갖춰야 할 덕목이다. 자기통제력이 높은 사람일수록 더 성공하고 더 큰 행복을 얻는다. 그래서 학교는 가기 싫어도 가야 하고 공부는 하기 싫어도 해야 한다. 하기 싫은 일도 즐거움과 놀이로 바꿀 수 있는 사람은 아주 지혜로운 사람이다.

많은 아이가 자기가 하고 싶은 일을 하겠다며 제시하는 직업이 웹툰 작가와 프로게이머다. 그것이 직업이라니 밤낮 그것만 하는 줄 안다면 뭘 몰라도 한참 모른다. 웹툰 작가는 그림만 그리는 게 아니다. 스토리도 짜야 하고 사람들의 흥미와 관심도 알아야 하고 정치, 경제, 문화, 역사, 심리, 철학, 언어, 논리에 대해서 해박한 지식을 갖고 있어야 한다. 그런 지식이 없으면 웹툰을 그려낼 수 없다. 그림 실력이 좋아서 반짝 인정은 받을지 몰라도 콘텐츠를 계속 만들어내지 못하면 금방 사장되고 만다. 그렇지 않으려면 계속 공부해야 한다. 프로게이머가 되는 것도 직업이 되는 순간 공부가 된다. 목표가 설정되고 경쟁의 구도 속에 들어가면 단순히 즐기는 차원을 넘어선다. 프로게이머가 되려면 소속사에 들어가야 하는데 들어가기도 어렵거니와 바로 실전에 투입되려면 많은 과정을 통과해야 하고 그때도 계속 공부를 해야 한다.

넷째, 공부란 사람에게 최고의 기쁨이기 때문이다. 이것에 대한 이야기는 앞에서 설명했기 때문에 여기는 생략한다. 물론, 여기서의 공부는 학교 공부만을 지칭하지 않는다. 호기심에 바탕을 둔 공부를 말하며 진리의 세계를 탐구해가는 공부를 말한다. 결론처럼 한 번 더 말하면 공부는 행복하게 사는 데 지속적인 전력을 공급해주는 에너지원이다.

다섯째, 공부는 연못을 파는 일이다. 부모 세대는 우물을 파는 시대였다. 남들이 파기 전에 선점한 곳을 파야 했다. 남들이 잘 때도 파야 했다. 그러다 수맥을 발견하면 그것으로 평생 먹고 살 수 있었다. 그러나 지금은 우물을 파는 시대가 아니다. 연못을 파야 한다. 넓게 파야 하고 깊게 파야 해서 혼자서는 못 판다. 더불어 파야 한다. 그리고 혼자만의 이익을 위해서가 아니라 여러 사람의 이익을 위해서 판다. 연못이 만들어지고 물이 찰 땐 지하수, 빗물, 논물, 개

울물이 다 들어온다. 연못에 물이 차면 수초가 자라고 생명체가 생기며 자정능력이 생긴다. 그리고 농사를 위한 저수기능을 하거나, 연을 심어서 연꽃과 연잎, 연근을 생산하거나, 낚시터를 만들거나 오리보트를 띄워 유원지로 만들 수도 있다. 연못에 물이 가득 차 있으면 다양한 용도로 쓸 수 있고 여러 방향으로 배출수로를 만들 수 있다. 즉 기본 교양이 잘 형성된 사람은 어떤 직업을 갖더라도 성공할 수 있다는 뜻이다.

여섯째, 공부가 바탕이 되어야 풍류를 알기 때문이다. 학교 공부란 것이 국어, 영어, 수학의 주요 3교과를 중심으로 편성되었지만 원래 공부는 음악, 미술, 체육 중심으로 인문학적 내용들이 기본이었다. 인간은 밥만으로 살 수 없다. 삶의 의미와 가치, 문화와 예술이 있어야 하는데 교양이 없으면 예술을 알 수 없다. 그래서 공부를 많이 한 사람일수록 예술과 풍류를 알고 즐긴다. 오페라나 뮤지컬 공연을 보러 갔는데 지식이 없으면 지루하기만 할 뿐 아무런 감동도 없다. 그런데 그 쪽에 지식을 가진 사람, 그것을 느낄 줄 아는 사람은 그 시간이 그렇게 행복할 수 없다. 뭉클한 감동의 시간이요, 행복한 시간이며 비싼 돈이 아깝지 않다. 공부를 하되 엔터테인먼트 요소를 겸비하는 것이 지혜다. 물론 엔터테인먼트도 공부하는 사람에겐 또 다른 의무요 부담이 될 수도 있다. 그렇다 할지라도 그 역시 공부라는 폭넓은 대상을 가질 때 더 풍요로워진다. 첼리스트 장한나 양이 하버드대에 입학해서 음악과가 아니라 철학과로 진학을 한 이유가 여기에 있다. 음악적 기교만이 아니라 거기에 사상을 담고

왕이 된 자녀 싸가지 코칭

인생을 담기 위해서다. 그래서 그녀는 음악가임에도 불구하고 철학이라는 인문학 공부를 시작했다.

일곱째, 게으름의 늪에 빠지지 않기 위해서다. 사람은 아무것도 안 하고 있으면 편해지지 않고 도리어 녹슬고 도태된다. 그래서 공부해야 할 때 아무것도 하지 않으면 정말 아무것도 아닌 존재가 된다. 어디에 쓸 만한 지식도 없고 그렇다고 성격이 좋아서 화합을 하는 것도 아니고 말귀도 못 알아들으니 가르치기도 힘들고, 그저 생물학적인 인간일 뿐 짐승과 다를 바 없다. 그래서 사람은 공부를 하지 않으면 사람이라고 불리기를 포기해야 한다. 그저 생물학적 인간, 두뇌를 사용하는 고등 동물에 불과하다.

여덟째, 넓은 세상을 경험할 수 있기 때문이다. 외국으로 여행을 가는 방법 중에는 자유여행이 있고 패키지여행이 있다. 패키지여행이란 말 그대로 여행사에서 일정, 음식, 숙소, 관광, 액티비티를 묶어놓은 것이다. 편하지만 획일적이고 개인의 자유와 선택권이 박탈되는 단점이 있다. 그래서 사람들은 가급적 패키지보다는 자유여행을 선호하지만 언어와 경제능력 부족으로 자유여행을 못한다. 돈 많고 언어가 가능한데 패키지여행을 살 이유는 없다. 공부를 해서 내가 유능한 존재가 되면 그 세계가 넓어진다. 그래서 남들보다 몇 배 많은 인생경험을 할 수 있다.

아홉째, 공부는 성과를 내는 방법을 알려주기 때문이다. 시험 때가 되면 똑같이 독서실이나 도서관 열람실 혹은 자기 방에서 공부를 한다. 그런데 결과는 천차만별이다. 공부는 잘 한다와 못 한다로 구분하지, 많이 한다와 적게 한다로 구분하지 않는다. 결국 공부란 성적으로 그 결과가 드러난다. 성과를 내려면 방법론을 배워야 하는데 그것은 피드백이다. 공부를 못 하는 아이는 시험 기간이 되면 그냥 맹목적으로 책이나 노트를 열심히 보기 시작한다. 공부를 잘 하는 아이는 피드백을 통해 내가 얼마나 알고 있고 모자라는 부분이 어딘지를 확인하면서 시간을 보낸다. 그래서 공부를 하면 할수록 내가 어디를 알고 어디가 모자라는지도 안다. 또한 시간도 효율적으로 사용하고 시험 시간이 다가올수록 준비되어 가는 자신의 실력을 보면서 오히려 더 평안해지고 자신감도 갖는다. 인생의 모든 부분엔 피드백이 필요하다. 일상생활에도 피드백이 필요하고 직장생활엔 더더욱 피드백이 중요하다. 결혼해서 사는 것도 피드백이고 직장에 가서 일하는 것도 피드백이다. 반추하기(되돌아보기)라는 말로 설명할 수도 있다. 공부는 자기를 돌아보고 확인하고 점검하고 보완하는 법을 배우는 첫 경험이다. 그래서 공부를 제대로 해 본 적이 없는 사람은 피드백을 하지 않는 단순무식한 사람이란 뜻이다.

열 번째, 임계질량의 법칙 때문이다. 앞에서 말했던 연못 파는 이야기와 비슷한데, 파 놓은 연못은 물이 차야 기능을 할 수 있다. 파기만 해 놓고 물을 채우지 않는다면 쓸모없는 곳이 된다. 몇 년 전 봄 가뭄이 심해 저수지가 바닥까지 말라버린 것을 본 적 있다. 물이 없으니 거북이 등껍질처럼 갈라졌고 물고기들이 뛰놀 공간에 온갖 잡초가 무성해 엉뚱한 산짐승이 뛰어다니고 있었다. 임계질량이란 어떤 절대적인 양이 차야만 다음 단계로 넘어간다는 물리법칙이다.

왕이 된 자녀 싸가지 코칭

학교 공부는 세상으로 나아가기 위한 기본 소양을 갖추는 일이기 때문에 학교를 안 가고 공부를 하지 않는다는 말은 연못을 파지도 않았을 뿐 아니라 팠더라도 물을 채우지 않았거나 말라버린 연못에 불과하다는 뜻이다.

칭호부터 바꾸고
높임말을 쓰게 하라

싸가지 코칭 대상자는 중고생이 가장 많고 성인자녀도 더러 있고 가끔 초등 고학년도 있다. 초등학생 때까지는 어떻게 해 볼 힘이 있는데 중고생이 되면 감당불가가 된다. 그때는 이미 넘을 수 없는 벽이요 폭군이 된 자식이요 무서운 자식이다. 초등학교 고학년만 되면 신체적으로 엄마를 압도해 물리적인 힘도 세지고 말빨도 세져 따지고 덤벼들면 말문이 막힌다.

부모-자식 간의 언어는 엄격히 높임말이다. 자녀는 부모에게 높임말을 써야 한다. 현대가정이 핵가족화되면서 부모-자녀의 친밀감이 부각되다보니 친구 같은 부모, 눈높이를 맞춰 주는 부모, 공감과 위로를 제공해 주는 부모가 좋은 부모의 표상처럼 만들어졌다. 아이들이 영유아기를 지날 때, 학령기 이전의 시기를 지날 때 부모-자녀의 친밀감은 아주 중요하다. 친밀감이 있어야 피차 살맛이 나고 정이 있고 애틋함과 그리움이 있고 서로를 향한 자발적 수고를 감당할 수 있다. 친밀감이 없는 소원한 관계보다는 친밀감이 높은 가족관계가 월등히 좋다. 그래서 부모는 자녀가 친구에게 사용하는 말 같은 일반 언어를 사용하게 허락해 주었다. 그러나 "아빠, 엄마"라는 말은 영유아기에는 통용되지만 적어도 학령기에 들어가면 "아버지, 어머니"로 호칭을 바꾸어야 한다.

일상생활 속에서 당장 높임말이 안 되면 최소한 문자언어부터라도 시작해야 한다. 높임말을 쓴다는 것은 예의와 존중의 표현이다. 나이가 많은 사람도 처음 만나는 젊은 사람이나 관계가 형성되지 않은 사람을 대할 땐 정중한 높임말을 사용한다. 대놓고 하든 암묵적 동의에 의하든 반말을 쓰게 되는 경우는 이미 관계가 형성되어 수직적 개념 정리가 끝났다는 뜻이다. 초등학생이 되면 아버지 어머니로 호칭을 바꿔야 하고 늦어도 중고생이 되면 그렇게 해야 한다. 아무리 늦더라도 성인이 되는 시점엔 꼭 그렇게 해야 한다. 성인 자녀가 되었음에도, 심지어 결혼해서 자식을 낳고도 자기 부모를 향해 "엄마! 아빠!"라고 호칭하는 것은 그다지 보기 좋은 모습이 아니다.

　그렇다고 자기 부모를 "아버님! 어머님!"이라고 부르는 무식한 짓은 하지 말라. "아버님! 어머님!"은 부모를 높이는 말이 아니다. '어머니', '아버지'라는 말 자체가 높임말이며 세상에서 하나밖에 없는 분이라는 뜻이다. 여성이 혼인하면 자기 '아버지'와 '어머니'가 있기에 출가외인으로 분류되어 시어른들을 "아버님", "어머님"이라고 부른다. 그리고 친정 가면 자기 부모를 향해서 "아버지! 어머니!"라고 부른다. 자기에게 유일한 부모는 친정 부모이기 때문이다. 그래서 가족관계 호칭에서 '님'자가 들어가는 경우는 시집간 여자가 시댁식구들에게 붙이는 것이 대부분이다.

아버지로 부활하라

　　　　　　　　아버지를 극도로 싫어한다는 아이 문제로 인한 상담 요청이 꽤 많이 늘고 있다. 엄마는 아주 만만한 대상이라 마음대로 좌지우지 할 수 있는데 어쩐지 아버지는 불편하다. 아버지는 무심한 듯 있다가도 가끔은 쓴소리를 하고 의무를 부과하는 주체이기도 하다. 그런데 아이는 그 쓴소리를 죽기보다 듣기 싫다고 한다. 어쩌다 잔소리 한 번 했다고, 싫은 소리 한 번 했다고, 자기를 때렸다고, 상처를 주었다고 그때부터 아버지를 사람 취급도 안 하고 아버지와 밥도 같이 안 먹는다는 아이, 소파에 앉아 있다가도 아버지가 들어오면 자기 방으로 들어가 버리는 아이, 그러면서 수시로 아빠가 거실에 혹은 식탁에 있는지의 여부를 엄마와 카카오톡을 통해 확인한다는 아이가 많다.

옛날의 아버지들은 정말 무식하고 권위적이고 일방적이고 살갑지 못해 역기능 가정의 대표 이미지가 되었다지만 요즘 아버지들은 그렇지 않음에도 불구하고 집에서 환영받지 못하는 존재가 되었다. 옛날의 아버지들은 자녀와 애착관계가 잘 형성되지 않았다. 그러니 아버지를 싫어한다고 하면 개연성이라도 생긴다. 그런데 최근에는 엄마보다 더 깊은 애착관계를 형성한 아버지들도 외면당한다는 사실이다. 그 때문에 실망을 느끼는 아버지들이 꽤 많다. 영원히 친밀할 줄 알았던 관계가 깨진 것이다. 어릴 때는 그렇게 반색을 하며 달려와 안기던 아이들, 뽀뽀하자고 하면 아무런 주저 없이 그냥 뽀뽀를 해 주던 아이들이 이제 '접근불가' 팻말을 써 붙이고 조금이라도 접촉이 되면 마치 혐오스런 벌레 대하듯 경악하는 것에 가슴 아파한다.

아이들이 똑같은 색안경을 끼고 있기 때문에 부모에 대한 불만이 모두 똑같다. 그러니 요즘은 좋은 아버지든 아니든 아버지라는 이유만으로 나쁜 대상이 되었다. 집에 가면 어쩐지 자신의 설 자리가 없다. 자기 집에 들어가면서도 가지 밀이아 할 곳에 가는 것 같은 희한한 느낌이 든다. 또 아내는 여러 가지 역할을 요구하는데 그것이 대부분 관계에 대한 요구들이라 남자들로선 여간 부담스러운 게 아니다. 이 때문에 한국의 남자들이 일명 '귀가 기피증' 또는 '귀가 공포증'에 걸려 있다. 집안에서 아버지의 말빨이 먹히지 않으니 설 자리는 물론 효용가치도 현저히 떨어진다.

그래도 아버지가 나서야 한다. 아버지는 첫 번째 탄생이 아니라 두 번째 탄생의 바통을 이어받을 주자다. 첫 번째 탄생이 엄마의 품 안에서 이뤄진다면 두 번째 탄생은 아버지의 품안에서 이뤄진다. 사회학 용어인 '통과의례(passage rite)'는 엄마의 세계에 있던 아이를 아버지의 세계로 이동하는 과정을 다루고 있다. 이때 완전한 분리 독립을 위한 능력을 갖추게 하는 것이 아버지의 주 임무다. 따라서 약해빠진 자녀, 게으름에 빠진 자녀, 왕이 된 자녀는 아버지의 직무유기로 생겨난 병리적 현상임을 직시하고 아버지가 자녀교육의 주체로 나서야 한다. 그래도 천만다행인 것은 아버지의 목소리가 엄마의 목소리보다는 힘이 있다는 사실이다. 그래서 엄마가 열 번 말할 것을 아버지가 한두 번 말하면 통한다. 다만, 너무 좋기만 해서 권위를 상실한 아버지는 열 번 말해도 효용이 없을 수 있다. 그래서 앞에서 부모 유형을 설명할 때 차라리 권위적 부모가 허용적 부모보다 낫다고 한 것이다.

방목이 아닌 방치였다

부부세미나에서나 부부상담 중에 자녀이야기가 나오면 많은 아버지들은 자신의 교육철학이 방목이라고 말하면서 아이들은 그냥 내버려두면 알아서 잘 클 것이라고 믿고 있다. 집에서 아이들에게 하고 있는 일을 하나씩 짚어보면 교육주체로서의 아버지는 하나도 없다. 아이를 대면할 시간도 없고 대면해도 뭘 어떻게 할지를 모른다. 콘텐츠도 없다. 그런 것을 가르쳐

왕이 된 자녀 싸가지 코칭

주는 곳이 없으니 배운 적도 없다. 그저 잘 해주면 좋은 아버지로 여기거나 어릴 때 겪었던 자기 아버지의 부정적인 모습과는 사뭇 다른 태도를 유지하려고 애쓸 뿐이다. 엄밀히 따지면 방목이 아니라 방치다. 방목이란 정해진 울타리 범위 안에서 마음껏 뛰놀고 풀을 뜯게 하되 아침에 우리 문을 열어주고 밤이 되면 우리로 들이는 것이다. 그리고 밤낮으로 침입하는 사나운 포식자들이 있는지 살펴야 하고 어떨 땐 사나운 짐승을 싸워서 몰아내야 한다.

개복숭아와 복숭아의 차이점은 무엇일까? 개복숭아는 자연 상태 그대로의 복숭아다. 열매가 작아 생으로 먹지 않고 익지 않은 푸른 상태로 청을 만들어 먹는다. 과수원의 복숭아는 크고 색깔도 좋고 맛도 좋다. 나무의 모양부터 다르다. 개복숭아나무는 아무렇게나 자란 모양새지만 과수원의 복숭아나무는 역삼각형의 꼴을 갖고 있다. 하나의 밑동에서 서너 개의 큰 줄기가 나오게 하고 거기에서 난 작은 가지에 열매가 달리도록 한다. 중고등학교에서 농업 과목을 배울 때 그런 모양새를 '개심자연꼴'이라고 한다는 것을 지금도 기억하고 있다. 그리고 과수원지기는 매년 봄이면 열매 맺힐 가지를 지정하고(剪定) 가지치기와 솎아내기를 봉해 얼매의 수를 조정한다. 그렇게 해서 복숭아를 상품으로 만든다. 과수원의 복숭아나무도 관리하지 않으면 이내 개복숭아처럼 되고 만다.

자녀들도 똑같다. 좋은 열매를 맺을 과수인데 아버지가 방치하는 바람에 개복숭아나무로 전락한 자녀들도 적지 않다. 자녀가 좋은 열매를 맺는 존재가 되기 위해서는 아버지의 역할이 절대적이다.

그래서 과수는 꼴을 만들 때 자를 부분을 과감히 잘라내야 한다. 정원사도 정원을 가꾸기 위해서 전정가위를 들고 과도하게 자란 것이나 필요 없는 것들, 병든 것들을 과감하게 잘라낸다. 아버지도 마찬가지다. 한자 아비 부(父)는 상형문자로, 손에 들고 있는 돌도끼, 혹은 쌍도끼의 모양을 본뜬 것이다. 즉 아버지는 도끼로 나무의 모양을 다듬어가는 존재, 힘과 권위의 존재, 뼈대를 만들어가는 존재라는 뜻이다.

방목한다는 아버지들에게 아버지의 역할 네 가지를 제시하면서 그 기준에 비추었을 때 얼마나 역할을 잘 하고 있는지를 측정해 보게 했다. 《IQ는 아버지 몫, EQ는 어머니 몫》의 저자 현용수 박사는 아버지의 역할을 공급자(Supplier)와 안내자(Guider), 교육자(Instructor)와 보호자(Protector), 네 가지로 설명한다. 한국의 아버지들은 공급자로선 세계 최고라고 인정할 만하다. 처자식을 위해서라면 목숨까지 내 놓을 각오가 가득 찬 사람들이다. 독가스를 내뿜는 독일의 탄광에도 갔고 총알이 빗발치는 베트남 전쟁에도 참여했고 뜨거운 사막의 열기가 가득한 중동으로도 갔었다. 그 점에서 한국 남자들의 헌신도는 세계 최고다. 다만 공급자로서 만점이라 해도 사 분의 일로 나누면 25점밖에 안 된다. 그나마 보호자의 역할에 대한 인식을 가진 아버지들이 더러 있어 이 두 요소를 합하면 겨우 절반이다. 그런 까닭에 최선을 다해 열심히 살았음에도 늘 아버지로서의 점수는 부족했다. 이 땅의 많은 아버지들은 안내자와 교육자의 역할이 있다는 것조차 모른다.

공급자와 보호자가 물질적인 개념이라면 안내자와 교육자는 정신적인 개념이다. 우리의 아버지들은 이 중요한 부분을 학교에 다 위임했다. 그리고 학교를 신앙처럼 믿었다. 아버지들의 뇌리 속에 있는 학교는 '사람 만드는 곳'이었다. 내가 중학교 때는 학부모들이 학교에 와서 일명 회초리 전달식을 했던 적도 있었다. 대나무 뿌리를 뽑아 만든 회초리를 교사들에게 전달하면서 "우리 아이들 잘 가르쳐 주십시오."라고 말하기보다 "우리 아이들 사람 만들어 주십시오."라는 표현을 썼다. 교육이란 사람이 사람답게 되는 과정을 이야기한다. 그렇지만 제도화된 교육의 커리큘럼은 사람 만들기 교육과는 다소 거리가 멀다. 그렇다고 학교의 잘못은 아니다. 학교는 생존의 기술을 습득하게 하는 곳일 뿐 인성교육을 시켜야 할 의무는 없기 때문이다.

인사법부터 제대로 가르쳐라

"할아버지, 안녕하세요?" 몇 해 전 장인어른 팔순을 기념해서 온 가족이 샤브샤브 식당을 빌려 가족식사를 할 때였다. 행사 전에 못 오고 뒤늦게 온 처조카가 외할아버지를 향해 한 인사말이었다. 만약 우리 집 아이들이 그렇게 인사했다면 무성의했다고 호되게 야단을 쳤을 것이다. "할아버지, 안녕하세요?"는 남의 할아버지에게 하는 인사이지 친, 외할아버지께 하는 인사가 아니다. 처조카는 "외할아버지!"라고 정확한 호칭을 쓰지도 않았다. 어른들께 인사를 할 때는 눈을 맞춘 후 호칭을 정확하게 불러야 하고 자신의 이름을 알려야 한다. "외할아버지! 희재입니다. 팔순 축하드립니다."라고 인사를 해야 맞다. 다른 가족들을 만나도 얼렁 뚱땅 "안녕하세요?"를 말할 게 아니라 "이모부!", "이모!"라고 정확히 부르고 눈을 맞춘 후에 "이모부 오셨어요?"라고 문안인사를 해야지 "안녕하세요?"라고 던지듯 하는 인사는 무례한 행위다. 그렇게 남의 할아버지 부르듯 힐끗 쳐다보고 바로 음식 집으로 가는 태도는 야단을 쳐서라도 고쳐야 했다.

아이들은 사실 몰라서 못한다. 제대로 배운 적이 없기 때문이다. 호칭의 문제, 압존법 등도 명확하게 구분해서 가르쳐야 한다. 언어는 곧 사람이다. 어떤 언어를 사용하는가는 그 사람의 수준을 그대로 드러낸다. 어떤 호칭을 사용하는가에 따라 가정교육의 수준을 정확히 측정할 수 있다.

싸가지 코칭을 시작하면 부모가 집에 들어갈 때 자녀들이 방에서 나와 인사하게 한다. 공부한다고 게임 중이라고 안 나온다는 자녀들이 많은데 절대로 그렇게 하면 안 된다. 또 자녀가 외출했다 들어오면 먼저 부모님의 얼굴을 보고 "아버지 어머니! 다녀왔습니다."라고 인사하게 해야 한다. 현관문을 열면서 "다녀왔습니다!"를 외치고 자기 방으로 쏙 들어가거나 씻으러 가는 행위는 고쳐야 한다. 그래도 그런 인사라도 하면 말도 없이 자기 방으로 쏙 들어가는 자녀들보다 낫기는 낫다.

실력 있는 자녀로
키워라

매력 있는 사람으로 키워라

알렉산더 대왕은 인도 정벌을 가는 도중에 철학자 디오게네스를 만났다. 디오게네스는 강둑의 모래 위에 비스듬히 누워 일광욕을 즐기고 있었다. 가장 많이 가진 자와 가장 적게 가진 자의 만남이었다. "뭐 필요한 것 없소? 나는 무엇이든 그대에게 줄 수 있소."라는 왕의 말에 디오게네스는 "일광욕에 방해되니 옆으로 비켜주십시오."라고 답했다. 알렉산더는 오히려 디오게

네스에게서 열등감을 느꼈다. 자신에게 없는 것이 디오게네스에게 있었다. 내면적 자신감이었다.

　사람은 겉으로 보이는 것보다 그 사람 자체에서 풍겨 나오는 매력이 따로 있다. 그것을 내면적 자신감이라고 한다. 내면적 자신감이 가득 찬 사람은 아무리 숨겨도 겉으로 드러날 수밖에 없다. 성화를 보면, 성인들의 얼굴 주변에 둥근 원이 있다. 그것이 아우라다. 범인들에게서 볼 수 없는 아우라가 그들에겐 있었다. 아우라는 의식수준이 높은 사람에게 자동으로 생성된다. 그런 사람을 만나는 것만으로도 치유를 경험한다. 성인들이야 아우라가 있지만 범인들은 아우라까지 갖기엔 무리다. 그래도 매력은 가질 수 있다. 매력(魅力)이란 '홀리는 힘'이다. 매력을 가졌다면 행복한 인생을 만들어갈 수 있다. 어떤 사람은 선천적인 매력을 가지고 있다. 빼어난 외모와 몸매는 매력이다. 경제적인 부요도 큰 매력이다. 돈이 가진 힘은 결코 약하지 않다. 특히나 자본주의와 시장경제의 논리가 통하는 사회에서 돈의 힘은 결코 간과할 수 없다. 돈이 돈을 부르는 구조를 보면 돈은 매력 중의 매력이다. 돈으로 모든 일을 다 할 순 없겠지만 돈으로 할 수 있는 일은 돈이 없을 때보다 훨씬 더 많다. 이런 것들은 외재적 자신감을 제공한다. 그렇지만 내재적 자신감, 내재적 매력은 좀 다른 차원이다. 이것은 재능과 인품, 교양에서 나온다. 자신의 노력으로 얼마든지 만들 수 있다. 더구나 요즘 세상에서 매력은 잘 다듬어진 성품, 품격 있는 교양에서 나온다. 그러니 한탄할 시간에 책 한 줄 더 읽는 게 낫다.

"시작이 반이다."라는 말이 있다. 무슨 일이든 시작하면 이루어진다는 말로 실행력을 강조한다. 무슨 일이든 일단 시작하고 보면 거기에 필요한 것들이 채워지기 마련인데, 내가 가진 능력 이상의 결과를 만들어내기도 한다. 그래서 계산하는 똑똑한 머리보다 실행하는 우직함이 훨씬 더 큰일을 만들어내기도 한다.

어떤 분의 책을 감수해 준 일이 있었다. 언젠가 책을 쓰고 싶다는 욕망을 가졌는데 글을 어떻게 쓰는지 몰랐다. 그래도 책을 쓰고 싶다는 욕망이 있었기에 무조건 썼다. 출판사에서도 원고의 내용이 좋다며 출판을 하기로 했다. 그런데 문제는 문장력이 약해 내용을 풀어내지 못하고 있었다. 비문(非文)도 많았고 흐름도 끊겼다. 출판사가 대필 작가를 붙여주겠다는 제안을 했던 차에 나와 연결되었다. 원고를 보니 문장도 문단도 엉망이었고 너무 잘 쓰려다가 서너 줄의 문장에 아주 많은 이야기를 담고 있었다. 그래서 하나의 꼭지가 만들어지면 문단은 어떻게 구성하고 문장은 주어+동사의 가장 기본구조를 바탕으로 만들고 하나의 문단은 대략 500자 내외의 단위로 구성해 주는 것이 좋고, 전체의 연결은 어떻게 해야 한다는 설명과 본보기를 보여주었는데 그것이 계기가 되어 책 전체를 감수했다. 그분은 자신의 실력 부족을 다른 사람의 능력으로 보완할 수 있었던 것이다. 열정이 있는 사람은 능력이 부족해도 능력 있는 사람들이 따라붙어 그 부족한 부분을 채워준다. 혹, 내 능력이 부족하다면 다른 사람의 도움을 받는 것도 필요한데 그 또한 능력이다. 도움을 받아서라도 실력을 향상시키는 것이 중요하다. 세상은 결코 혼자 살아가는 곳이 아니다.

그 외에도 석사, 박사 논문 쓰는 분들도 많이 도와주고 있다. 연구는 열심히 했는데 논문 글쓰기가 안 되어 통과를 못하는 분들에게 문장 쓰는 법을 가르쳐주고 수정작업을 도와준다. 그렇게 해서 졸업까지 하게 된 사례가 적지 않다. 그분들은 공통으로 "논문은 혼자 쓰는 게 아니란 걸 절실히 깨달았어요. 그리고 지금까지 제가 살아오는 동안에 얼마나 많은 도움을 받았는지를 새삼 깨닫게 되었어요."라고 말한다. 배울수록 겸손해진다는 것은 이런 과정 때문일지도 모른다. 그래서 도움을 받는 일은 부끄러운 게 아니다. 도움 받기를 부끄러워하는 태도가 더 부끄러운 일이다.

경청하고 감사하는 사람으로 키워라

사람과 사람은 피차 예의를 갖추어야 한다. 인간관계는 크게 수평적인 관계와 수직적인 관계가 있다. 수평적인 관계가 훨씬 편하고 쉬운 반면 수직적인 관계는 다소 불편하고 어렵다. 그래도 수평관계와 수직관계는 평생 필요한 관계라 균형을 맞춰야 한다. 옛날 사람들은 부모 자식 간 수직관계의 비중이 더 커서 살갑지 않았다면 현대사회는 부모 자식 간 수평관계의 비중이 더 커서 친밀감은 좋아졌지만 예의와 책임, 의무가 배제되는 오류가 커졌다. 과거가 살 없이 뼈대만 앙상한 몸이라면, 현대는 뼈대 없이 살만 피둥피둥 찐 몸이다.

예의를 갖춘 사람은 삶의 태도에서 드러나고 매력으로도 드러난다. 내 쪽에서 누군가에게 다가가는 것도 있지만 때로는 다른 이들이 나에게로 접근해 오는 것도 있다. 수평적인 관계든 수직인 관계든 모든 관계는 예의를 바탕으로 한다. 자식이 부모에게 지켜야 할 예의가 있고 부모도 자식에게 지켜야 할 예의가 있다. 아무리 친구 관계라도 예의가 없으면 그 관계는 단번에 깨진다. 요즘 청년들이 인간관계를 포기하는 이유 중의 한 가지는 사람을 사귀려고 접근했다가 거절을 당해서일 것이다. 상대방이 나를 받아주지 않는 것은 취향이 달라서일 수도 있고 내가 기본예의를 갖추지 않아 좋은 사람으로 비춰지지 않기 때문일 수도 있고 그 사람이 모난 성격의 소유자이거나 무례한 사람이기 때문일 수도 있다.

또한 관계를 맺기 위해서는 감사가 필요하다. 인간관계에서 감사만큼 강력한 힘을 발휘하는 것은 없을 것이다. 어릴 때부터 감사하는 법을 가르쳐라. 감사(感謝)는 스트레스를 완화시키는 효과가 있어 면역력이 강화되며 치유가 촉진되는 등 신체 건강에 좋고 자신감과 자부심을 높여준다. 변화와 어려움에 대한 대처 능력도 증진시켜 준다. 감사를 가르치는 일은 자녀에게 민감한 행복 센서를 장착하는 것이다. 그러면 자녀들은 일상에서 소소하지만 확실한 행복(소확행)을 누릴 수 있을 것이다. 나는 행복을 다른 말로 표현하면 주저 없이 감사라고 한다. 감사를 모르고 행복하다는 말은 성립이 안 된다. 행복한 사람들은 작은 일에도 감사할 줄 안다.

왕이 된 자녀 싸가지 코칭

제대로 키워
세상으로 보내라

마부작침(磨斧作針)이란 말이 있다. 중국 당나라 때 이백(李白)이 학문을 그만두고 집으로 돌아가는 길에 도끼를 갈고 있는 노파를 만났다. 바늘을 만들기 위해 갈고 있다고 했다. 노파의 모습을 지켜보던 이백이 의아해서 물었다. "그 도끼가 어느 세월에 바늘이 되겠습니까?" 노파는 답했다. "끊임없이 쉬지 않고 간다면 언젠가 바늘이 되겠지." 이백은 '끊임없이 쉬지 않고'라는 말이 뇌리에서 사라지지 않았다. 이백은 다시 산 속으로 들어가 학문에 힘쓴 결과 위대한 시인으로 성장할 수 있었다. 우공이산(愚公移山)이라는 고사성어도 똑같은 맥락이다.

나는 대학 때 동아리 활동으로 사군자를 배웠다. 사군자를 배울 때는 삼 개월 내내 선 긋는 연습만 한다. 필력을 기르기 위한 기초작업이다. 난(蘭) 치는 것 하나도 그냥 되는 게 아니었다. 그런데, 많은 사람들이 사군자를 배우겠다고 들어왔다가 삼 개월도 안 되어 나갔다. 자기는 사군자를 배우러 왔지 줄 긋는 걸 배우러 온 게 아니라거나 재능이 없다는 말로 핑계를 댔다. 냉정히 따지고 보면 단순하고 지루한 시간을 견디지 못해서다. 처음 삼 개월을 우직하게 해보고 난 후에 재능의 유무를 판단해도 늦지 않을 텐데, 또 그래야 더 이상의 미련이 남지 않을 텐데 중도에 그만두는 모습이 안타까웠다. 사실, 줄긋기도 쉬운 것이 아니었다. 처음에는 왼쪽에서 오른쪽으로, 그 다음에는 반대로, 그 다음은 세로로 내려오기, 다음은 세로로 올라가기, 그 다음은 대각선 줄긋기, 마지막은 굵기를 달리하며 긋는 선까지 꼬박 삼 개월이 걸렸다. 그렇게 선 긋기를 한 후에 비로소 난 그리기를 배웠는데 금세 제대로 된 그림이 나왔다. 군 입대 전에는 한글서예도 배웠는데 이때는 줄긋기 연습을 하지 않고 등록한 첫날 바로 사부님의 체본을 받았다. 이미 필력이 형성되어 있었기에 굳이 기초 과정을 다시 할 필요가 없었다. 그때 배웠던 한글서예 덕분에 군 생활을 모필병이라는 특기병으로 복무할 수 있었다.

어떤 분야든 기본기가 잘 형성된 사람은 다른 분야도 빨리 배울 수 있다. 그래서 무엇을 하든 기초과정을 튼튼히 해야 한다. 기초과정을 튼튼히 하려면 우직하게 반복해야 한다. SBS-TV〈생활의 달인〉에 나오는 수많은 사람들처럼 그냥 무심코 해도 정확하게 맞아 떨어지는 상태, 생각의 필터를 거치지 않아도 몸이 자동으로 알아서 반응하는 수준에 도달해야 한다. 교육학에서는 이것을 '스키마(Schema)'라고 한다. 어떤 일을 하든 어느 정도의 레벨에 올라야만 다음 일이 진행된다. 그래서 좋든 싫든, 때로는 강제로라도 할 일을 끝까지 하게 해야 한다. 뇌과학이 이것을 증명한다. 모든 사람의 뇌는 우리가 무엇을 하느냐에 따라 계속 바뀐다는 것이다. 그래서 운동을 하든 악기를 배우든 예술에 관련된 것을 배울 때는 기본기를 탄탄히 다져야 한다. 기본기를 제대로 익히지 않으면 그 다음 단계로의 발전이 없기 때문이다. 반짝 기교는 얻을 수 있어도 제대로 된 기술을 얻어내지는 못한다.

억지로 한 일도 일정 수준이 되면 유익이 된다. 나는 훈련병 때 그것을 체험했다. 입대 후 가장 힘든 것이 매일 아침마다 하는 십 킬로미터 구보였다. 어쩌다 단축마라톤은 몇 번 뛰어 본 적이 있긴 했지만 매일 아침마다 십 킬로미터를 뛰는 것은 정말 힘들었다. 근육통이 생겼다고 쉴 수도 없었다. 거기에 무거운 군화와 탄띠를 착용했고 총까지 메고 뛰는 것이라 더 죽을 맛이었다. 옆에서 뛰는 동기들을 보면서 누구 하나가 쓰러져 구보가 중단되는 시나리오를 얼마나 많이 썼는지 모른다. 그런데 6주간의 훈련을 마칠 때쯤, 그것도 앞 주에 백 킬로미터 행군을 끝낸 후 십 킬로미터 구보는 가벼운 산

왕이 된 자녀 싸가지 코칭

책이었다. 뛰면서 동기들과 이런 저런 이야기를, 마치 카페에 앉아 담소 나누듯 할 수 있었다.

최근에 '그릿(grit)'이라는 용어가 많이 사용되고 있다. 개개인의 능력 차이가 아니라 끝까지 참고 견디는 힘, 목표를 이룰 때까지 우직하게 연습하고 매진하는 사람이 결국 성공한다는 이론이다. 끈기라는 말로 번역되긴 하지만 정확한 설명이 안 되어 그 단어를 그대로 쓰고 있다. 이 용어가 등장한 것은 아마 미국 사회에서도 과잉존중, 아이 중심 교육으로 인해 연약해 빠진 아이들이 너무 많이 나온 것에 대한 반향일 것이다. 충분히 재능 있고 머리도 똑똑하고 가정 배경도 좋은데 끝내 성공하지 못하고 성과를 내지 못하는 사람들에게 결정적으로 부족한 것이 그릿이었다. 죽을 만치 힘들어도 이를 악물고 마부작침이나 우공이산의 태도로 가야 하는데, 중도 포기하고 좌절하고 엎어지는 것이 문제였던 것이다.

정신적 유산을 물려주어라

1971년 3월, 한 기업의 설립자가 세상을 떠났다. 기업을 실립히어 큰 부를 축적한 그였기에 사람들의 관심은 자연스럽게 유언장으로 쏠렸다. 유언은 편지지 한 장에 또 박또박 큰 글씨로 적혀있었다.

손녀에게는 대학 졸업까지 학자금 일만 달러를 준다. 딸에게는 학교 안에 있는 묘소와 주변 땅 5천 평을 물려준다. 그 땅을 동산으로 꾸미되, 결코 울타리를 치지 말고 중고교 학생들이 마음대로 드나들게 하여 그 어린 학생들의 티 없이 맑은 정신에 깃든 젊은 의지를 지하에서나마 더불어 느끼게 해 달라. 내 소유 주식은 전부 사회에 기증한다. 아내는 딸이 그 노후를 잘 돌보아 주기 바란다. 아들은 대학까지 졸업시켰으니 앞으로는 자립해서 살아가거라.

유언장은 모두를 놀라게 했지만, 그의 삶을 돌아보면 충분히 가능한 일이기도 했다. 그는 바로 일제 강점기에 "건강한 국민만이 잃어버린 나라를 되찾을 수 있다."며 제약회사를 설립한 유일한 박사다. 그의 숭고한 뜻을 가슴 깊이 새기며 살아왔던 딸 유재라 씨도 1991년 세상을 떠나며 힘들게 모아 두었던 전 재산을 사회에 기부하였다.

자녀교육의 가장 좋은 교사는 부모다

《다 큰 자녀 싸가지 코칭》을 읽고 상담을 요청하는 부모들이 공통으로 하는 말은 내 자식이 아니라 남의 집 자식 같다는 말이다. 맞는 말이다. 어릴 때부터 국가와 사회의 자식이요, 학교의 자식이었지 내 자식이 아니었다. 그래서 내 자식을 되찾아야 한다. 더 이상 학교를 종교처럼 받드는 실수는 하지 않아야 한다. 학교에 보내지 말라는 게 아니라 학교가 하는 일과 부모가 하는 일이 다르니 부모가 할 일을 학교로 미루지 말라는 뜻이다. 부모가 인성교육을 안 하니 교사가 인성교육까지 해야 하는 애꿎은 이중고를 겪고 있다. 교사는 제대로 인성교육을 받은 학생에게 생존에 필요한 기능교육만 하면 된다.

내 자식이 남의 자식 된 이유는 교육이 가르치는 주체의 교육철학을 따라가기 때문이다. 공산국가는 아이를 낳으면 전부 탁아소에 보내라고 한다. 겉으로는 양육을 책임져 준다는 고마운 말이지만 사실은 사회주의 체제가 요구하는 인간을 만들어내기 위해서다. 그렇게 만들어진 아이들은 체제의 자식이다. 지금 중국의 부모와 자식은 관계가 소원하다. 우리나라도 예외는 아니다. 한국의 교육철학은 미국의 실용주의 교육학자 존 듀이의 사상으로, "아이가 원하는 대로"가 핵심이다. 그로 인해 과도한 아이 중심 교육과 자존감 중심 교육을 하여 아이를 왕으로 만들었다.

유대인은 교육의 주체가 부모다. 이천 년을 디아스포라로 살아야 했던 그들은 장소적 교육이 아니라 시간적 교육을 선택했고 가정을 교육기관으로 만들었다. 부모가 교사가 되니 자식이 내 자식이 되고 부모는 내 부모가 되었다.

이 책을 끝까지 읽었다면 오늘부터 자녀를 더 이상 왕으로 모시지 말고 부모가 교육의 주체로 우뚝 서기를 바란다. 부모독립만세!

부록 싸가지 코칭 Check-List

기간 : __ 월 __ 일 (_요일) ~ __ 월 __ 일 (_요일)

항 목		Check 사항 점수부여 (1~10점)							
		월	화	수	목	금	토	일	확인란
자녀 행동 시행 여부	1. 기상 시간 취침 시간 준수								
	2. 스마트폰 사용 시간 준수								
	3. 인터넷 TV 사용 시간 준수								
	4. 바른 언어 쓰기(욕설/불평×)								
	5. 자기 방 정리정돈								
	6. 제시간 등교(출근)하기								
	7. 인사하기								
	8. 집안일 돕기(설거지, 청소 등)								
	9. 꿈을 위한 일(공부, 알바 등)								
	10. 독서								
	11. 운동하기(몸 움직이기)								
	12. 봉사하기(이타적 행동)								
	총점								
부모 코칭 시행 여부	1. 글쓰기(매일 20분)								
	2. 독서하기(필독서)								
	3. 부모 먼저 의논하기								
	4. Just Listening 하기								
	5. Yes But+Yes How 화법 쓰기								
	6. 정확한 지침(정보) 주기								
	7. 하달한 지침 시행 확인하기								
	8. 감정적으로 대하지 않기								
	9. 칭찬과 보상하기								
	10. 꾸중과 벌(수거)								
	11. Time Together(외식, 놀이, 여행)								
	12. 기도하기(Blessing 하기)								
	총점								

파란리본 카운슬링&코칭

부모 독립 만세 프로젝트

왕이 된 자녀
싸가지 코칭

지은이 | 이병준
펴낸이 | 박상란
1판 1쇄 | 2020년 10월 1일
1판 3쇄 | 2023년 5월 15일
펴낸곳 | 피톤치드
교정교열 | 박희진, 이유진 디자인 | 김다은
경영·마케팅 | 박병기
출판등록 | 제 387-2013-000029호
등록번호 | 130-92-85998
주소 | 경기도 부천시 길주로 262 이안더클래식 133호
전화 | 070-7362-3488
팩스 | 0303-3449-0319
이메일 | phytonbook@naver.com

ISBN | 979-11-86692-53-0 (03590)

「이 도서의 국립중앙도서관 출판예정도서목록(CIP)은 서지정보유통지원시스템 홈페이지(http://seoji.nl.go.kr)와 국가자
료공동목록시스템(http://www.nl.go.kr/kolisnet)에서 이용하실 수 있습니다.(CIP제어번호 : CIP2020036495)」